非凡的皮埃尔–吉勒·德热纳

诺贝尔物理学奖获得者

L'Extraordinaire Pierre–Gilles de Gennes

Prix Nobel de Physique

〔法〕弗朗索瓦丝·布罗沙尔–维亚尔
（Françoise Brochard-Wyart）
〔法〕达维德·凯雷（David Quéré）　　编
〔法〕玛德莱娜·维西耶
（Madeleine Veyssié）

孙政民　曹晓宇　译

科学出版社
北　京

图字：01-2022-2635 号

内 容 简 介

本书收录了 28 篇皮埃尔-吉勒·德热纳在获得 1991 年诺贝尔物理学奖以后在各种场合的演讲、所接受的采访，以及未发表或以较为保密的形式发表的文章。写作或发表的时间大部分为 1991 年以后，还有几篇文章是 20 世纪 70 年代的作品。在本书中，德热纳不仅用深入浅出的语言简明扼要地叙述了凝聚态物质、材料、软物质、统计物理学、气泡等所涉及的深奥的物理原理、基础知识和当时的最新进展，还针对科学、技术、教育、工业、青年、社会等诸多方面，阐述自己的观点，指出所存在的问题，并提出了改进的建议。

本书不仅适合大专院校物理专业的本科生、研究生和教师阅读，也适合科学技术工作者、对法国社会和文化有研究或感兴趣的人士，乃至其他领域的读者阅读。

图书在版编目（CIP）数据

非凡的皮埃尔-吉勒·德热纳：诺贝尔物理学奖获得者 /（法）弗朗索瓦丝·布罗沙尔-维亚尔，（法）达维德·凯雷，（法）玛德莱娜·维西耶编；孙政民，曹晓宇译. —北京：科学出版社，2023.9

ISBN 978-7-03-076042-5

Ⅰ. ①非… Ⅱ. ①弗… ②达… ③玛… ④孙… ⑤曹… Ⅲ. ①物理学-文集 Ⅳ. ①O4-53

中国国家版本馆 CIP 数据核字（2023）第 141486 号

责任编辑：钱 俊 陈艳峰 / 责任校对：彭珍珍
责任印制：张 伟 / 封面设计：无极书装

科学出版社 出版
北京东黄城根北街 16 号
邮政编码：100717
http://www.sciencep.com

涿州市般润文化传播有限公司 印刷

科学出版社发行 各地新华书店经销

*

2023 年 9 月第 一 版 开本：720×1000 B5
2023 年 9 月第一次印刷 印张：9 3/4
字数：194 000

定价：68.00 元

（如有印装质量问题，我社负责调换）

中译本序言

皮埃尔-吉勒·德热纳是一位杰出的科学家，因其在超导、液晶、聚合物、毛细现象和生物物理方面的工作而荣获诺贝尔物理学奖。他在几本重要著作中发表了他的科学成果，并被译成中文在中国广泛传播。

但他也是一个“启蒙者”，一个真正的人文主义者，对社会问题，特别是对知识传播和青少年教育感兴趣。他热爱艺术和文学。他个性的这一方面体现在《非凡的皮埃尔-吉勒·德热纳》一书中。

他喜欢通过访问旅行来分享他的研究成果，也喜欢探索其他文化。例如，1988 年，他到中国作了一系列演讲，下面的两幅插图就证明了这一点：一幅是他在成都的一次演讲中的情景，另一幅是他在农村散步时画的素描之一。

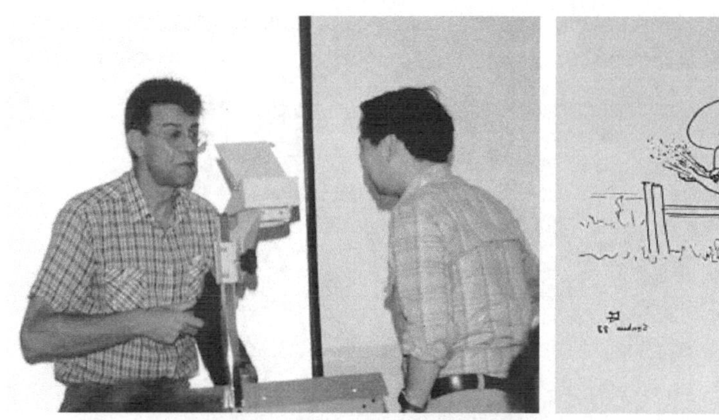

（左图）1988 年夏季在中国成都举办的聚合物物理讲座上的德热纳教授；
（右图）他在农村散步时画的素描之一

皮埃尔-吉勒与中国的另一联系是其家人，2014 年和 2016 年，他的孙女莉莉丝和孙子里斯在上海出生，他的儿子奥利弗在北京中央美术学院学习了一年后定居在上海。他的另一个儿子马修是一位物理学家，参与了 2011 年上海纽约大学的创建。

奥利弗为电影《皮埃尔-吉勒·德热纳：一幅肖像》选的一幅图片

我参加过在北京、南京和上海举行的三次国际会议，并对自己的中国之行有着美好的回忆。我游览了中国的长城，我喜爱北京的颐和园，在上海我发现这是一个充满活力的城市，尤其是文化活动，这里有许多博物馆、美术馆，还有像勃朗峰中的**艾吉耶峰**一样耸立的摩天大楼。

我在上海复旦大学也受到了很好的接待。讲座结束后，我们在节日的气氛中合影留念，并且在校园里一起用晚餐。在这次访问中，我发现了学生们对学习的热切渴望和对交流的强烈好奇心。

弗朗索瓦丝·布罗沙尔-维亚尔教授在上海复旦大学

我非常欣喜地获悉，通过孙政民教授和他的合作者出色的翻译后，《非凡的皮埃尔-吉勒·德热纳》这本书的中译本将呈现在中国读者面前。我与孙政民教授就翻译工作进行了令人兴奋的交流，并将尽可能全面地展现这位伟大科学家的形象。特别值得一提的是皮埃尔-吉勒·德热纳在法兰西公学院的就职演说、他在斯德哥尔摩举行的诺贝尔奖颁奖仪式上发表的题为“软物质”的演讲、他的使聚合物科学发生革命性变化的 n=0 理论、他在万神殿发表的关于皮埃尔和玛丽·居里的演讲；一篇发表在人文科学杂志上的文章，在其中他阐述了合作现象中的偶然性和必要性，并将统计物理学的最新发展扩展到社会的集体行为中；他描述了他在山区的童年，以及他对科学的兴趣，对我们科学的忧虑，或谈到物理学家工作的艰难转换；他的关于“荣誉和耐心”的演讲，他在这场演讲中维护犯错误的权利，在日益敌对的社会中普及和捍卫科学的责任……

这些文本将展现皮埃尔-吉勒·德热纳的思想和他的形象。

弗朗索瓦丝·布罗沙尔-维亚尔

2022 年 3 月 14 日于巴黎

弗朗索瓦丝·布罗沙尔-维亚尔（FBW） 巴黎第六大学名誉教授和法兰西大学研究院成员，在居里学院物理化学居里部工作。1974 年在德热纳教授的指导下，因从事液晶动力学研究而获得博士学位。她是法国和国际上著名的理论物理化学家，在液晶、聚合物、润湿现象、膜（孔和管）物理学、细胞黏附和模型组织力学方面进行过大量的研究，有很高的学术造诣。她发表了 260 多篇论文，出版了 5 本专著及 6 本书中的部分章节，做了 150 多场特邀演讲，包括国际会议的大会主题演讲，是 9 名博士后和 25 名博士研究生的导师。她在职业生涯中获得了许多奖项，包括 1998 年法国物理学会颁发的让·里卡德奖和 2007 年罗伯维尔特别提名奖。2015 年，她被授予法国荣誉军团军官勋章。

达维德·凯雷（David Quéré） 巴黎综合理工学院物理和力学系教授，法国国家科学研究中心研究主任。1989年在法兰西公学院和索邦大学因研究纤维的湿润和不稳定性而获得博士学位。他是法国和国际著名的物理学家，在软物质物理和流体力学，特别是在界面流体动力学——液滴、薄膜、形态发生、涂层、空气动力学、仿生等方面进行了大量的研究。他发表了大约250篇文章，其中180篇文章发表在同行评审期刊上，另有7项专利、3本书、2张光盘、1门大型开放式网络课程，并在大约200场国际会议上做邀请报告，在200场研讨会上做邀请报告。他担任《欧洲物理快报》副编辑和多本国际物理杂志编委会成员。他在巴黎综合理工学院等5所大学教授过硕士课程，指导了35名博士研究生。他先后获得多项奖项，包括法国科学院埃内斯特·德谢勒奖、法国国家科学研究中心银奖、巴黎高等工业物理和化学学院杰出教授和美国物理学会流体力学奖。

玛德莱娜·维西耶（Madeleine Veyssié） 是法国著名的物理学家，曾就读于巴黎高等师范学院。在格勒诺布尔路易·奈尔研究所获得磁学博士学位后，她加入了巴黎南大学的固体物理实验室。受德热纳理论模型的启发，从1967年起，她与乔治·杜兰德进行了第一批液晶实验，特别是对在向列相中取向的涨落、磁场作用下引起的转变或电动力学不稳定性进行的光谱分析。1971年，她在法兰西公学院参与了“凝聚态物理”实验室的创建，先后开展聚合物、胶体、润湿和黏附的理论和实验工作。1984年至1994年，她担任实验室主任。此外，1975年她被聘任为巴黎第六大学教授，在那里她首开硕士层面的复杂流体即“软物质”物理的教学。她指导了15名博士研究生，发表了75篇研究文章，并出版了几本关于教学或知识传播的书籍，其中一本《不会吧，真有人研究这个——14个毫无用处的搞笑诺贝尔奖》最近在中国翻译出版。

序 言

1991 年，法国物理学家皮埃尔-吉勒·德热纳获得了诺贝尔物理学奖。诺贝尔奖评审委员会将他誉为“当代的艾萨克·牛顿”。颁奖词写道：“他发现，为研究简单系统中的有序现象而发展出来的方法也适用于更复杂系统的研究，特别是液晶和高分子。”作为国内研究液晶物理的首位博士学位获得者，我曾应邀为《物理》杂志介绍他的科学贡献。

但是，2007 年 6 月 11 日，《科学时报》的一条消息令我十分震惊：“5 月 18 日，法国物理学家、1991 年诺贝尔物理学奖获得者 P-G. 德热纳在法国巴黎郊外的奥赛逝世，享年 74 岁。”德热纳对我的影响相当大，从研究生到今天，我的研究都是在追随他的思想。2006 年夏天，德国马普学会与我们合作在北京香山举办了一个国际生物系统暑期学校，我们还邀请德热纳来讲课，但他很客气地回信说不能来，后来我才知道他生病了，很可能是由于为法国的年轻一代做科普工作而过度劳累所致。据诺贝尔奖网站介绍，在 1991 年获得诺贝尔物理学奖后，德热纳决定与高中生谈科学、创新和一些常识性的问题。在 1992 年到 1994 年期间，他共访问了 200 多所高中，他的著作《软物质与硬科学》总结了他的这些访问经历。为什么德热纳要专门给高中生进行科普呢？他是在与法国当时的高考制度对抗，希望学生们真正地热爱科学。他很反感法国的中学教育只重视数学不重视实验、只重视基本定理不重视科学发展。为此，他到中学去做科普。在一年多的时间里，他几乎走遍了法国的高中，而且还走到了法国在海外的领地，如非洲的马提尼克岛等。德热纳是一位擅长与实验科学家合作的理论物理学家，他的主要科学成就得益于他在 20 世纪 60 年代组织的理论与实验相结合的奥赛研究小组。因此，他对法国当时的教育与科研机构中轻视实验、缺乏交流的通病进行猛烈批评，对于法国大学的入学考试特别强调数学的做法尤为不满，他在书中写道：“对于数学化的倾向，将使我们的毕业生‘半身不遂’……我不埋怨数学，我只是哀叹它已经变成了衡量科学态度和知识水平的标准……对现实世界的无知将会引起严重的曲解。”

我虽然与德热纳是同行，但读完《软物质与硬科学》这本书后，仍然感到有许多知识是第一次知道、有一种耳目一新的感觉。他的演讲深入浅出、旁征博引，足以激发听众对科学和创造力的热情。在德热纳这本书中提出的软物质的概念绝不同于经典物理化学中的胶体概念，而是最近才引起人们重视的软凝聚态物理的基础。为宣传德热纳这本书，2011 年 4 月 19 日在迎接世界读书日《人民日报》“我的枕边书”栏目非常难得的约稿中我发表了《欧阳钟灿：多一些哲学素养》短文：“我的枕边书：《软物质与硬科学》（P-G. 德热纳，J. 巴杜著；卢定伟，唐玉立，孙大坤译；冯端校；湖南教育出版社出版）。本书由诺贝尔奖获得者德热纳在 100 多个中学作科普报告的讲稿编成，通过对话的形式，从橡胶、墨水、胶水、洗发水、肥皂泡等常见事物入手，说明了什么是‘软物质’，描述了它们融物理、化学、生物三大学科于一体的全新特征和认知方法……”在这本科普译著中，应冯端先生的邀请我写了很长的导读，这个导读现在也被许多同行引用以诠释什么是软物质。但是自称与德热纳同年，与傅鹰先生学过胶体化学的资深科普专家却对该导读中强调软物质的创新性不以为然，曾经在报刊提出“批评”。此外，我与合作者在 20 世纪 90 年代写的一本书《从肥皂泡到液晶生物膜》曾被评为“近 20 年来 100 本优秀科普书”，该书还被我国台湾地区同行以繁体字出版。正是由于这本书的传播，台湾天下文化出版社出版德热纳的《软物质与硬科学》（台湾译名为《固、特、异的软物质》）时还特地请我写一个简要的导读。国内一些胶体化学的资深学者对我们在国内推广宣传德热纳 1991 年诺贝尔物理学奖演讲题目“软物质”所涵盖的新世纪新材料领域也时有异议。为推动我国软物质研究，为国民经济作出应有贡献，在国家自然科学基金委员会-中国科学院学科发展战略研究合作项目“软凝聚态物理学的若干前沿问题”（2013.7—2015.6）资助下，我组织了我国高校与研究院所上百位分布在数学、物理、化学、生命科学、力学科学的长期从事软物质研究的科技工作者，参与本项目的研究工作。在充分调研的基础上，通过多次召开软物质科研论坛与研讨会，完成并出版了一份 80 万字研究报告，全面系统地展现了软凝聚态物理学的发展历史、国内外研究现状，凝练出该交叉学科的重要研究方向，为我国科技管理部门

部署软物质物理研究提供一份既翔实又前瞻的路线图。

作为战略报告的推广成果，参加本项目的部分专家在《物理学报》出版了软凝聚态物理学术专辑，共计 30 篇综述。同时，此项目还受到科学出版社关注，我们于是成立了丛书编委会，邀请了 30 多位不同背景的软物质领域的国内外专家，共同组织撰写出版了“十三五”国家重点出版物出版规划项目“软物质前沿科学丛书”，该丛书还得到国家出版基金资助。这是国内第一套系统总结该领域理论、实验和方法的专业丛书，对从事相关领域的研究人员将起到重要参考作用。但作为丛书主编，我心中一直有一个深深的遗憾，这套丛书缺乏有“软物质之父”之称的德热纳亲笔题词或评述。在一次偶然又幸运的机会，这个遗憾得到了补偿。

2016 年 9 月 18 日至 21 日，我受邀参加了以色列魏茨曼科学研究所举行的“生物软物质前沿：生物软物质物理研讨会”（BioSoft Frontiers: Physics of Soft and Biological Matter Research Workshop），这是为庆贺两位本领域的领军人物山姆 • 萨夫兰（魏茨曼科学研究所）和大卫 • 安德尔曼（特拉维夫大学）60 寿辰的大型学术活动，世界各地相关领域知名专家几乎都出席。安德尔曼 2011 年参加了理论物理所-Kavli 研究所生物膜理论研讨会后便成了我们的好朋友，他也是中-以自然科学基金合作研究者以及理论物理研究所的访问讲座教授。在魏茨曼科学研究所研讨会期间，他特别介绍我认识德热纳最亲密的合作者与朋友弗朗索瓦丝 • 布罗沙尔-维亚尔，她在会议期间除了做了一个很有趣的报告“纠缠的活性物质：从蚂蚁到活细胞”外，一直坐在咖啡厅在笔记本电脑上工作，她说她正在抓紧时间与达维德 • 凯雷及玛德莱娜 • 维西耶编写一本包含德热纳未发表过的内部报告与演讲的书——《非凡的皮埃尔-吉勒 • 德热纳》，该书很快就要出版。我随即向她表示该书出版后，一定介绍到中国出版中译本。我心中的计划就是把这本书作为我们“软物质前沿科学丛书”的结题之作。所以当这本书 2017 年在法国出版后，我即请科学出版社钱俊先生争取早日出版中译本，并推荐两位在法国留学、分别从事液晶物理与理论化学研究的孙政民与曹晓宇博士共同翻译。由于该书不是一般教科书或科学著作，而是德热纳对科学、对社会、对自然哲学的深刻思考的杰作，所以两位从事自然科学的译者确实费了九牛二虎之力才完成了中文翻译。虽然该书最终未能在“软物质前沿科学丛书”结题之前出版，但我深信这本书将为广大软物质科学工作者提供一本学习诺贝尔奖得主是如何思考及从事科研的心灵之作。

再次衷心感谢科学出版社钱俊先生的耐心：等待与协助一本花了 5 年时间翻译而篇幅不到 200 页的科学经典的出版，为推动软物质科学在国内的发展做出的贡献。

欧阳钟灿

2023 年 6 月

译者序

皮埃尔-吉勒·德热纳是20世纪下半叶最伟大的物理学家之一。他把为研究简单系统中有序现象而创造的方法，成功地推广到更复杂的物质形态，尤其是液晶和聚合物中；他证明了因研究简单体系而发展的数学模型同样可以应用到如此复杂的体系；他发现物理学中仿佛完全不相关的不同领域是有联系的，而在过去还没有人了解这些关联。由于在这些方面所做出的卓越贡献，他在1991年获得了诺贝尔物理学奖，诺贝尔奖评审委员会赞誉他为“当代的艾萨克牛顿”。他的科研经历有两个最大的特点，一是其研究范围所涵盖学科的跨度很大，从磁学、超导、液晶、聚合物，到胶体、润湿剂、颗粒状介质、附着力，最后到生物学。他一生发表了500多篇论文并出版了8本书。他这样的研究经历，别说一般的物理学家，就是在顶尖的诺贝尔物理学奖得主中，也是极其罕见的。二是他所承担职务的多样性，他不仅是研究人员，也是教授，还是一些大公司的科学顾问。正因为他具备了这两个特点，所以他的思想极其活跃，并且十分超前，这使得他创新的冲动不断涌现并不知疲倦地从一个领域跨越到另一个领域。

德热纳不仅是一位物理学家，还是一位教育家，一位思想家，一位社会学家。他不仅致力于物理学的研究和教学，还关注社会的各个方面。在获得诺贝尔物理学奖后，他在200多所高中进行马拉松式的演讲，在各种刊物和媒体上发表文章，接受各方面的采访。他利用各种场合，阐述他的观点，指出学校和社会存在的问题，提出改进的建议。他所思考的、所关心的，是如此之深刻，远远超出一般科学家正常思考和关心的范畴。

他的几部著名的学术专著早已被各个领域的学者所熟悉和膜拜，为了使他在最新的科学领域和社会领域的思想和观点被更多的人所认识，弗朗索瓦丝·布罗沙尔-维亚尔博士会同达维德·凯雷和玛德莱娜·维西耶收录了德热纳未发表或以较为保密的形式发表的28篇文章，并汇集成册，标题就为“非凡的皮埃尔-吉勒·德热纳”。编者在2017年德热纳逝世10周年时出版了此书，来纪念这位伟大的学者。弗朗索瓦丝·布罗沙尔-维亚尔博士是法国著名的女物理化学学家，是德热纳的学生和多年的同事，她的简介请参阅本书作者简介。

中国科学院理论物理研究所欧阳钟灿院士得知本书法语版出版的消息后，非常高兴。鉴于本书中最重要的一篇文章——“软物质”，是德热纳在1991年12月9日在斯德哥尔摩诺贝尔奖颁奖典礼前一个会议上用英文发表的演讲，而软物质是一门新发展的科学，也是欧阳钟灿院士研究并作出重要贡献的领域，因此欧阳钟灿院士邀请孙政民教授和曹晓宇教授合作翻译此书，并联系科学出版社出版。

孙政民是原南京大学物理系副教授，1982年和1992年两次去法国巴黎南大学研究液晶物理，1984年在巴黎曾得到德热纳的接见。德热纳那本令国际液晶界奉为经典的专著——《液晶物理学》——就是由孙政民翻译成中文出版的。1993年，他加盟当时国内最大的液晶显示器制造公司——深圳天马微电子股份有限公司，任总工程师，从事液晶显示的技术和管理工作。退休前后又从事液晶行业协会工作。现为深圳市平板显示行业协会名誉会长，南京大学兼职教授。

曹晓宇在法国斯特拉斯堡大学超分子科学与工程研究所获得博士学位，其导师为1987年诺贝尔化学奖得主杰马里·莱恩教授，现为嘉庚创新实验室研究员、厦门大学化学化工学院教授、固体表面物理化学国家重点实验室固定研究人员、福建省化学生物学重点实验室固定研究人员，化学国家级实验教学示范中心成员。

在布罗沙尔博士等人汇编的这本书里，我们看到德热纳无论是在文章中，还是在演讲和采访中，除了深奥的、前沿的物理问题以外，所涉及的主题极其广泛，遍及科学、技术、教育、工业、历史、哲学、文化、宗教、青年、社会等方面。他的风格是观点鲜明、简明扼要、天马行空、挥洒自如、注重实际、广征博采、谈笑风生、幽默风趣。当年孙政民曾经在巴黎聆听过他的报告，那样严肃的物理报告都能被他讲得生动有趣，博得满场笑声和掌声，人们无不为之倾倒。这样的主题和风格对于听众和读者来说，十分过瘾，魅力无穷，但是却造成了翻译上的困难。原书中很多地方晦涩难懂，加上中国和法国之间的语言、文化和历史的差异，翻译难度远非一般的科技专业和文学类书籍可比。这就要求译者不仅要有深厚的物理功底，而且要具备广博的知识面，还要熟悉法国的文化和生活。

好在两位译者有长期在法国工作、学习和生活的经历，两人的专业分别是物理和化学，互为补充，加上孙政民有翻译德热纳著作的经验，熟悉他的风格，所以两位译者通力合作，总算完成了翻译工作，可以将本书呈献给读者了，也没有辜负欧阳钟灿院士的期望。当然，由于译者的水平有限，特别是我们没有德热纳那样高的思想境界，而且我们只是科技工作者，在翻译非科学领域的文章和演讲时，法语翻译的功底远不能与专业法语翻译相比，因此，本书肯定存在很多不足之处，还望广大读者指正和海涵。

特别值得提到的是，本书的翻译得到了布罗沙尔博士的大力协助和支持。早年当孙政民拜访德热纳时，也曾见到过布罗沙尔。孙政民在回国后所作的研究工作也与她的研究有关。当孙政民辗转联系到她时，两人谈到40年前在巴黎的情景时，就开始熟悉起来。通过多次的通信往来，布罗沙尔对翻译中遇到的难题和困惑都耐心地给出了解答，有些已不是物理问题了，而是其他方面——如历史和文化的问题，她都帮助我们找到了满意的译法。最后，她也热情地应邀为本书撰写了“中译本序言”，这是对我们这本书的出版所给予的最大支持。在此，我们向她表示最衷心的感谢！

在本书中，德热纳不仅用深入浅出的语言叙述了凝聚态物质、材料、软物质、统计物理学、气泡等所涉及的深奥的物理原理，还论及社会的许多方面。他对很多问题都有独到的见解，从不人云亦云，并且执着。他所谈到的许多问题，例如教育问题、学科交叉问题、创新问题、方法问题、科学家的职责问题等都是令人深省的。这些问题不仅针对当年法国的状况，在如今的时代，也有现实意义。相信读者在阅读本书时，除了物理问题外，在其他方面也可能会有所收获。

最后，我们感谢欧阳钟灿院士邀请我们翻译此书！这不仅给了我们一个机会，让我们领略其中美妙的风光，而且还促使我们做了一件有意义的事，值得我们回味。

孙政民　曹晓宇

2023 年 3 月 11 日于深圳

引 言

皮埃尔-吉勒·德热纳是20世纪下半叶最伟大的物理学家之一，在他逝世10年后，依然对当代科学有着并将继续产生重大影响。值得注意的是，他的光环建立在自己的个人风格、高雅的思想以及众多的科学著作之上，包括涵盖十几个学科的500多篇文章和8部图书。如果说自20世纪60年代末以来，他一直是全球科研界真正的明星，他与最杰出的同行保持通信联系，不断地受到名牌大学的邀请，并且获得了很多声名显赫的奖项，而正是1991年的诺贝尔物理学奖才使他为广大公众所熟悉。人们发现了他那光芒四射的个性，并且赞叹地了解到（或想要了解）他竟能用如此富有魅力的方式来展示所研究的对象。本书收集的文章中大部分是他成为公众人物后接受的采访、发表的重要演讲，以及就他念念不忘的课题所给出的观点。这里我们将再次听到他那独特——独特但是多元——的声音回响。这些文章语言风格变化多样，或敏感，或深刻，或广博，或直接，甚至突然，或忧郁，或愉快，并且总是那样的真诚。

为了更好地理解是什么让这个声音如此震撼人心，在这里我们认为有必要追溯一下皮埃尔-吉勒·德热纳科研经历的几个主要阶段。由于他无限的好奇心和他非传统的精神，他的科研轨迹在两个方面很不寻常。首先是其研究课题涵盖的跨度，其次是其职务的多样性。德热纳首先是一位科研产量和质量都令人印象很深刻的**研究人员**，在50多年的时间里，他从磁学转向超导体研究，从液晶到聚合物，从分散体到润湿剂，到颗粒系统，再到附着力和对肥皂泡的研究。直到最后5年，他到居里研究所从事生物学研究。他也是一名**教授**（他很在乎这个称号），先在奥赛[1]，后来在法兰西公学院[2]任教。在年仅39岁时他被任命为法兰西公

[1] 译者注：奥赛（Orsay）是巴黎南郊的一个小镇。巴黎第十一大学（后又改称巴黎南大学）就坐落在该镇旁，所以原作者和编者在本书中都用奥赛来代表巴黎南大学。

[2] 译者注：法兰西公学院（Le Collège de France），成立于1530年，是法国历史最悠久的学术机构，几十位正式教授的研究涵盖数学、物理学、化学、生物学、医学、哲学、社会学、经济学、考古学、历史学及语言学等领域，面向社会大众传授前沿渊博的文学和科学知识。它不是普通的大学，既不按照预定的教学计划向学生照本宣科，也不颁发任何形式的文凭或证书，是法国一所特殊的教育机构。

学院的教授，在那里任教 30 多年，同时领导着凝聚态物理实验室。他公开展示自己的最新进展，这一点不仅激励了他的研究，而且反过来需要强调的是，他教授的课程改变了他的科学风格，这一风格在他的整个职业生涯中不断地得到精练。他还是一所**大学校**[①]**领导者**，即巴黎市高等工业物理和化学学院的院长。他用了 30 多年的时间，改变该校有些落伍的教学。作为一名教育理论家，他鼓励创新精神和实验方法。他的兴趣使他走向越来越具有应用性的领域。德热纳其实还是很多企业的**科学顾问**，包括通用电气（在非常接近基础研究的范围内），埃克森以及罗纳–普朗克/罗地亚等公司。他的视野高度和想象力让他在工业界创造了奇迹，与此同时他也从中获得了新的可供思考的课题或教学内容。除了具有同时轻松自如地领导这些跨界学科研究的才能以外，他在多种形式的职业中展示了自己整体和谐的风格：所有这些职业对他来说可能只有一个，从他用极其流畅的语言风格切换来发表的诸多言论中就可以很好地证明这一点——这是德热纳风格的一个方面。

人们经常这样评价他投入到新科学领域的能力。在花了 5 年时间开发了前一个科学领域之后（这个领域经过他的耕耘犹如一片已经变得肥沃的土地），他最后看了一眼这片土地，又投入到下一个科学领域去耕耘。每次耕耘所形成的肥沃土地又以书籍的形式呈现，而每一部图书都将成为一部经典。然而对前一科学领域的舍弃并不是排斥：他自身累积的各方面的经验犹如形成了若干沉积地层，虽然被埋在地下，但它们总是准备显现出来。经验显现的闪光捷径就是这种敏感地质的结果，比如他提出的液晶和超导体的著名类比就证明了这一点，这是如此的卓有成效。古老的地层也可能在地质活动中重新出现在地表，如 1986 年发现的高温超导体就（暂时地）唤醒了他对 20 年前所放弃的课题的兴趣。然而，地震往往是零星的、局部的，例如由工业部门的一次会议引起的。因此 20 世纪 80 年代后的很多工作都在聚合物的层面或分散物的层面重新出现。

当皮埃尔–吉勒·德热纳独揽 1991 年诺贝尔物理学奖时，他成为了我们刚才所描述的完美的男人，并且公众迅速被他的魅力所折服。一方面，他在 200 多所法国高中进行马拉松式的演讲。另一方面，那时的主

① 译者注：大学校（grande école）与公立综合性大学是两套不同的法国高等教育体系。相对于综合性大学而言，大学校规模小、专业性更强，更重视教学与实践的结合，以培养高级专业人才而出名，是法国的精英教育机构。

流媒体竞相争夺他，它们为这位乐于分享其知识和激情的人提供了巨大的共鸣平台，但这个人也为国家的未来感到担忧，他坚信必须要改革教育。他的观点很少符合时代精神（或者说各人有自己的方向），但它们总是有扎实且有据可查的论点支撑——而且他总是谨慎地坚持着他深思熟虑的观念。

这本汇编收录了皮埃尔-吉勒·德热纳未发表或以较为保密的形式发表的演讲、访谈和文章。写作或发表的时间通常为1991年以后，还有一些文章是在那之前发表的，如在法兰西公学院（1971）精彩的“就职演讲”，或者他就合作现象撰写的内容丰富的文章（1977），这篇文章体现了他想要向人文科学靠拢的愿望。因此，这些页面提供了德热纳所撰写的面向“大众”文章的全面概述。令人惊讶的是，在这些文章中我们发现了他的科学著作的主要特征——简明扼要、思想坚定、不重细节、个人视野。另一方面，从这些文章中我们可以看出，很少有人能像德热纳那样，在作为一名物理学家的同时，又是一名懂物理学的思想家：他那让人们以新的眼光看待事物的能力是他光彩照人的主要原因。而他自己的目光常常可以用一幅图画的线条来体现，这幅画既可以是在博物馆中存放的古老草图的复制品，也可以是用铅笔简单画几根线条来表达的复杂概念。

为了编辑这本书，我们以现今存放在科学院的皮埃尔-吉勒·德热纳的档案里的手稿为基础，我们的参与仅限于修正印刷中的错排以及不准确之处，删除重复之处（尤其是在访谈中），翻译他用英文写的文章。我们非常感谢德热纳的家人对本书的支持，也感谢马蒂娜·戈亚尔、艾蒂安·居永、纳达·哈利法特以及埃利·拉斐尔对这部作品的支持。

希望这本书能够重现皮埃尔-吉勒·德热纳的分享精神，重现他的活力和他那无尽的好奇心。

生平纪事

1932 年 10 月 24 日出生在巴黎，他是罗伯特·德热纳和蒂瓦纳·马琳-庞斯的独生子。他的父母于 1917 年在前线相识，母亲是护士，父亲是年轻医生。两人于 1919 年结婚。

1942 年，在巴斯洛内特入学。

1949—1951 年，进入巴黎圣路易高中的预科班。

1951—1955 年，就读于巴黎高等师范学院。

1955—1959 年，法国原子能委员会工程师。1957 年发表论文《磁介质中子扩散理论》。

1959 年，在伯克利的查尔斯·基泰尔研究小组工作 9 个月，致力于磁学理论研究。

1959—1961 年，在布雷斯特海军服役，被派往撒哈拉进行核试验，之后被借调到法国原子能委员会。

1961—1971 年，先任巴黎南大学讲师，后升职为教授。建立超导体研究小组，后进入固体物理实验室另一个由雅克·弗里德尔领导的液晶研究小组。

1971—2004 年，法兰西公学院教授，凝聚态物理实验室主任，研究聚合物、胶体、润湿剂、颗粒状介质和附着力。

1976—2003 年，巴黎高等工业物理与化学学院院长。

1979 年，法国科学院物理学科院士。

1980 年，法国国家科学研究中心金奖。

1990 年，沃尔夫物理学奖。

1991 年，诺贝尔物理学奖。

2002 年，居里研究所所长顾问，致力于细胞力学和细胞黏附研究。

2007 年 5 月 18 日逝世，他工作到生命的最后一天。

目　录

III　启　发　者

I 学　者

这一部分主要收录了皮埃尔–吉勒·德热纳发表的四篇演讲（包括他在法兰西公学院的就职演讲和诺贝尔奖获奖演说），以及四篇不同类型的出版物：一篇普及性文章；一篇纪念他的朋友什洛莫·亚历山大的文章；一篇在人文科学杂志发表的文章，以及著名的 n=0 定理，这一定理仅用两页纸，就引起了聚合物科学界的革命。读了这篇笔记，人们就明白了他在《科学的忧郁》中呼唤的东西，而《科学的忧郁》拉开了本书第二部分第二章的序幕！然而，一个深刻的统一将这些文本结合在一起，这就是风格的统一：德热纳是一位理论家，他渴望让尽可能多的人接触到他，他有时被称作是教育学的精灵，这促使他利用日常生活中的物品或者利用醒目的图片来支持自己的演讲。但更多时候，我们从德热纳的所有风格中都可以看出他将复杂问题简单化的能力，这种能力有时候可以用毕加索的公牛演变图或者名为“不同动物试图遵循一套等级法则”的图片来描述（如图 1 所示）。

图 1　不同动物试图遵循一套等级法则

第一章　演　　讲

在法兰西公学院的就职演讲

1971 年 11 月 10 日，当选法兰西公学院凝聚态物理实验室主任后，皮埃尔-吉勒·德热纳按照惯例发表就职演讲。

董事先生，

亲爱的同事们，

女士们，先生们：

对于炼金术士而言，空气和火是微妙且难以捉摸的，土和水是他们较为熟悉的元素，他们可以将其利用和转化。如今，气体和燃烧物几乎失去了它们的神秘感。而凝聚态物质恰恰相反，它们仍保持一定的神秘性，这些凝聚态物质包括水晶、玻璃、液体以及一些我们刚刚发现的新形态。

凝聚态物质的单位就是它们的重量：它们总是表现为一些数量众多的物质。在每块水晶中，或在每滴水中，数量惊人的原子相互靠近，彼此之间产生强烈的相互作用。因此，凝聚态物理学本质上是一种**集体效应的科学**。在实践中，正是因为这些物质具有柔软性和可变性，凝聚态物理学才深刻地改变了我们的生活条件，而它也因此受到了过度的赞誉和严苛的批评，它的未来甚至具有不确定性。我想借此机会分析这种不确定性的某些方面。

为了从整体上去欣赏这座大厦的真正价值，我们应该退后几步，回到 19 世纪末：在那个时代，我们建成了埃菲尔铁塔，但是我们完全不知道为什么像铁这样的金属既不透明又能导电，而其他物质，如钻石或岩盐既透明又绝缘。这种未解之谜实在太多了。同样，两千多年前，我们认识了磁石；600 多年前——至少在我们西方社会——人们懂得了制作指南针；从库仑（1736—1806）开始，我们知道两块磁铁如何相互吸引或相互排斥。但是，什么是磁铁呢？这个问题仍然存在。

最令人费解的谜题出现得稍晚一些：1911 年，荷兰物理学家卡末林·昂内斯是第一个懂得极低温技术并在极低温下测量一段汞丝电阻的人。他惊奇地发现在低于某一个临界温度时，这一电阻会突然降为零；在汞回路中的电流会无限期地持续存在。这种摩擦完全消失的现象，也就是如今所说的**超导性**[①]，让这位经典物理学家感到非常震惊。然而这种情况并不是唯一的。人们不久后发现，在几乎所有金属和一种液体——氦-4——中都存在这种现象。

总之，在经典阶段末期，人们编写了物质宏观性质的有序目录。但这个目录的每一项都只描述了物质的外部特性。

从 1895 年起，一切都因为人们在微观层面进行的新实验而发生了改变。人们发现了电子，分析了原子结构，在此基础上建立了新的量子力学。也正因此，**凝聚态物质逐渐变得可理解**。

爱因斯坦和德拜阐释了什么是比热；艾伦·赫里斯·威尔逊解释了金属和绝缘体之间的区别；海森伯首先对铁磁性进行了描述。

而超导性更加棘手。但是，菲列兹·伦敦 1950 年在他所写的一本预言书中推测了这个机制：低温时，在一些系统中，很多状态**相同**的粒子让人们可以用肉眼，也就是说在宏观层面，观察到量子现象。科学界对伦敦这一信息的意义并没有给予很多的关注。但是，朗道和费曼建立了氦的元激发的概念，并对它的各种奇特性质进行了诠释。最后，在 1957 年，一个异想天开的年轻研究员库珀意识到，在金属中，电子之间所有的吸引力不管有多弱，都可以出现成对的关联。从此，人们在理论和实践中以惊人的速度加快了对超导金属的理解。

在所有这些理论研究中，存在一种难以描述的美。费曼笔下的人们称之为氦中的涡流，在 15 年后，仍像一首诗般留存在我的记忆中。我还想起了朗道和金兹堡的一篇文章，在那篇文章中重新发现了超导性的基本概念——与伦敦的论述方式不同——这篇文章所有的基本结果当时并不明白，直到 10 年后才被理解和使用。这项工作创立了一个方法和一种风格，它在我们学科中的历史地位处于先驱级别，有点类似蒙特威尔

① 译者注：原文这里用 superfluidité，即超流性。德热纳认为超流性和超导性都有相同的序参数，物理本质是一样的。结合上下文，这里我们译为超导性，读者会更容易理解。

第的《阿里安娜》[①]在歌剧史上的地位。就像在曼托瓦的宫廷，我们有时会感受到新艺术诞生的绝妙的惊喜。更重要的是，我们有机会同时成为观众和演员。哪怕是一个仅说三个字的小角色就足以让我们感到幸福，但这个小角色仍需做大量的练习。

战后的环境相对宁静，因此我们这一代人有机会从事物理学研究，能够认真拜读费曼和朗道的文章。我们也有机会遇到一些大师：包括让·拉瓦尔在内的一些大科学家，在一个四分五裂的国家里将科学传统成功地保留下来。另一些人则更加年轻，并且大部分人都曾在国外受过教育，他们给我们带回了一些科学方法和研究案例。他们是阿布拉加姆、艾格兰、布洛赫、弗里德尔、赫平以及梅西亚。我们的法国学校在很大程度上因他们而复兴，我很高兴能够说我个人今天的一切归功于他们的教导和榜样作用。

我还想把胡奇斯学校的创始人塞西尔·德维特女士的名字和他们放在一起。在我刚刚谈到的那个时代，这个学校也刚刚成立。它让泡利、佩尔斯、丘奇等杰出的年轻科研者在多雨的阿尔卑斯山区的木屋里共同生活。很多时候，我们不得不承认，泡利的思维方式仍然是难以理解的。在8月底，人们带着满脑子真实的各种新想法离开了胡奇斯学校。我们当中很多人的职业志向在这样的夏天变得清晰起来。愿德维特女士在这里找到他们的感激之情的见证！

然而，像我刚才那样只介绍一些主要的课题和几个有名望的研究者的名字，会让人觉得科学是非常和谐的、确定的东西，科学发现会相互关联，不会有任何矛盾冲突。这样会让物理学看起来像是一个宁静的果园，在里面根据简单的规则进行培育，知识树通过这些简单的规则定期更新它的果实。然而这个形象是错误的。正如巴什拉[②]所说：“在等待读者的书籍中，科学知识中起作用的精神力量当从外部来衡量时，比人们想象得更加混乱不堪、更加举步维艰、更加游移不定。”

事实上，科学的果园根本不存在。科学其实是一个丛林，游牧部落在其中游荡，并从他们刚刚点燃的地方逃离。我们必须强调科学发展的

---

① 原文注：蒙特威尔第的歌剧（曼托瓦，1608），除《哀歌》外，其他音乐都已缺失。

② 译者注：巴什拉（1884—1962），法国哲学家，科学家，诗人，法国伦理与政治科学院院士。他认为科学从根本上说是一种关系的学说，认识论应建立在实践过程中的唯理论基础上，哲学的任务就是要阐明我们精神的认识过程。

困难性，指出其中经历的失败，并列出遇到的阻碍。

首先，我们要认识到物理学的一个特殊弱点，那就是缺少某些定量的解释。

我打算用超导金属的例子来解释这一点。得益于我刚才介绍过的那些工作成果，我们得以详细了解这个非凡的超导体状态的机制。但是，尽管付出了热忱的努力，我们还是不能以完全令人信服的方式解释为什么像锡这样的金属是超导的，而像铜这样的金属，即使在最低温度下也不会变成超导体。我记得在一场有 8 年历史的国际会议上，两位专家就这些问题展开了激烈的辩论。第一位专家（理论家）愿意发誓碱金属永远不会是超导体。另一位专家（实验家）坚信并断言，所有金属只要充分冷却都能表现出超导性，绝无例外。这个问题至今仍未得到解决。但我们的实验家已经领先一分，因为人们发现一种碱金属（铯）在高压下可以变成超导体。像这样的纯直觉信念比我们所想象的还要常见，而定量知识的增长却很缓慢。

另外，虽然凝聚态物质的某些奥秘已经被发现，但是其他奥秘仍在跟我们做顽固的对抗。在此列举几个我最珍爱的例子。

第一个例子是液-气之间的转换。大约 2000 年前，第一扇蒸汽旋转门在亚历山大建成。200 多年前，詹姆斯·瓦特的机器基于同样的现象，拉开了工业革命的序幕。因此，人们或许认为从水到蒸汽的转化遵循着一种众所周知的机制。然而，事实并非如此！这一转化过程的细节仍然不为人知，特别是在被称为临界点的区域，流体在两个近乎等价的状态间处于平衡状态。尽管我们使用了像激光这样精细的实验探测工具，也尽管我们做了很多理论上的努力，却仍然没能解开这个谜题。

还有，我们在学校都学过，同一物质只能以三种形式存在，即固态、液态和气态。但事实上，某些经过专门挑选的材料在固态和液态之间，有多达四种新的相被发现。这些被雷曼命名为“液晶”的东西既有趣又美丽。这里我们来欣赏一些相关图片，饱一饱眼福。

另一个谜题存在于流体动力学中。在桥墩后面或在船舶经过后的尾迹处，我们都能观察到这些被称作美丽湍流的不稳定流动。另外，它们也存在于地球大气中以及恒星的内部，它们对于气象学和天体物理学，以及对于飞机的制造都是必不可少的。然而，尽管做了相当多的理论努力，尤其是柯尔莫哥洛夫对此作出了巨大的贡献，我们还是无法真正完全理解这些湍流。

化学家也遇到了一些谜题：尤其是在聚合物当中。这些被称为橡胶或塑料的由长链组成的材料，或好或坏地改变了我们的环境。在大多数的应用当中，链都呈现出混乱的无序状态。另外，在液相中，这些链能够相互滑移。关键问题之一在于如何描述它们的运动：如何系上并解开一个巨大的蛇形结，这个问题仍未得到解决。最近我们至多只能解释一个**简单化**的问题，即一条链在一个固定不动的结内随机移动的问题。但是，在这个简单化的问题和完整的问题之间，还存在着相当大的鸿沟。

出现在凝聚态物质这一有限领域中的这些**未解之谜**的例子，体现出我们的想象力存在某些弱点和局限性。通过审视我们学科最近的历史中那些严重阻碍和偏离我们知识发展的**错误**，可以使我们更深入地研究这些弱点和局限性。当然，我们并不是要在此赞美或批评什么。但在我看来，从科学进步的角度来看，从教学的角度来看，以及最后从阐明学术界当前面临的某些问题来看，对这些错误列出一份清单，即使是这份清单很不完整，也具有指导意义。

第一种常见的错误比较寻常，那就是糟糕的假设。瑞利男爵在一篇令人钦佩的声学论文中证明了冲击波不存在。但我们这些拥有住在空军基地附近“特权”的人，每天都能感受到这一说法的证据不足。瑞利的论证实际上包含了一个隐藏的假设：耗散效应被认为是可以忽略不计的。而它们在冲击波方程中却起着至关重要的作用。

另一类错误的根源更深，它对应以下的模式：即一个实验，或者一个理论的提出。它表明，即使一种未知现象已经被接受，且结果被推广，但是如果我们不能完全证实它的存在，那么它的基础还是不确定的。这种放大的变形应该称为**失真**。最近的一个例子是这样的：几年前，一个由物理学家和化学家组成的团队宣称在超薄毛细管中的冷凝水具有异常性质：它的熔点及其所有物理特性都发生了改变。这一切都似乎让我们看到了一种“超级水”的存在，这种水的结构比普通的水更加稳定紧凑。从这个角度看，所有的海水都是不稳定的流体。只要我们把它放到合适的催化剂中，它就可以变成“超级水”。一些量子化学理论家立即宣称，他们可以通过计算推断出这一新相，并且提出了一些公式。这一事件产生了一系列生物、医学和军事影响，并且大国们多年来一直资助“超级水”的研究。

然而我们现在几乎可以肯定，这种反常形式的水并不存在。而且最初的观察可以通过传统的溶解和界面效应来解释。这是一个典型的失真例子：它向我们展示了神话是如何在当今的科学界内部发芽、成长和长久持续的。神话的起源是晦涩难懂的，但是，在这种明确的情况下，一个非常奇怪的历史细节需要被提及。那就是在我刚刚提到的事件发生的几年前，一位美国工程师利用业余时间写了一部科幻小说，小说的主题**恰恰**就是一种形式更加稳定的水，其内涵也完全相同。这种巧合并非完全偶然。我倾向于得出这样的结论，即“超级水的梦想”是炼金术士们的嬗变梦想的一种新形式，它反映了我们潜意识的一个永恒不变的部分。

在某种程度上，我们可以把实验中的失真与巴什拉所说的第一次实验中遇到的阻碍联系起来。但我们也发现了理论的失真情形。

普遍来看，巴什拉列出的认识论障碍清单对我们来说是一个宝贵的工具，但它当然不可能被完成：因为我们的想象力会产生难以计数的错误。尤其要把**学识**加入到这个清单中。我想借用苏联伟大的物理学家朗道的传记来尝试说明这个问题的特征。所要讨论的问题是磁性材料，它们中的每个原子都带有单独的磁矩。在某些磁性材料，比如铁中，所有的磁矩都是耦合的，且倾向于指向同一方向。因此晶体也是一块磁体，通过长程作用可以容易地识别。但大多数由磁性原子组成的晶体并不显示出磁体的惊人的特性。在这种情况下，人们很自然地认为，由两个相邻原子携带的磁矩会指向相反的方向，并且形成总体上是序磁性的有序结构。这种“反铁磁”有序于 1932 年被奈尔提出，它的存在直到后来(约 1948 年)通过第一个研究反应堆的中子衍射才在实验上得到了证实。朗道最初似乎和奈尔有着同样的想法，但他放弃了对它的继续研究。因为他马上认识到了一个理论上的严重悖论：在量子力学中，当一个磁矩指向下方，而与它相邻的磁矩指向上方时，它就不再是稳态，而是可以演变成第一个磁矩指向上方，而第二个磁矩指向下方的状态。这样的过程打乱了奈尔所提出的结构，因此朗道担心反铁磁有序的概念将毫无意义。如今经过长期在理论上的努力，我们了解到对于大晶体而言，量子效应只会引起细微的改变。我们可以看到，在这种情况下，学识反而起阻碍作用，有鉴于此，1932 年，为了推进磁性晶体的实验，人们应该刻意地忽略量子力学难以觉察的效应。

另一种类型的错误有时是因为想要**追求系统的简单化**。确实，在大多数情况下，自然界的基本规律是通过非常简洁的象征来表现的。例如，狄拉克在发现电子传导的相对论方程后，一直强调形式上的描述越简单精练，这个描述就越可能是准确的。

但也存在不符合这一公认原则的情况。因此，整整一代的物理学家都承认，如果没有真正通过精细的实验进行验证，我们的世界甚至不能把左和右区分开来。之所以能够区分左右，只是因为这是最简单的命题而已。然而杨振宁和李政道质疑这种观点，他们花了 20 年的时间做了深入的分析，终于发现，根据物理定律，在所谓的弱相互作用层面上，我们的世界与它在镜子中的形象不同：它没有我们所认为的那么对称，赋予它更高的对称性对应于某种形式的智力舒适。

在凝聚态物质领域，朗道还为我们提供了这种过度简单化方法的一个例子：我想谈论一下他提出的伴有对称性变化的相变模型。从概念上看，这个模型是最经济、最清晰的，并且可以进行想象。然而，经过长时间的反复试验，我们现在知道了它基本上是不正确的，但它仍然是一种有用的教学工具。我们在课程教学中经常用到它，但它也有一些有害的影响。我知道一本关于实验磁学的论著，全文都在对它进行检验：文中的每个实验都是针对这个模型展开的，结果却写成了一本数据基本正确的假书。因此，我们必须铭记伽利略的格言："不要奢望大自然去适应我们人类认为是最好的秩序。"对我们理论家而言，这些例子格外重要：它们表明我们需要谨慎地和实验家同行们进行沟通。我们的责任是提出经验性建议，但我们也有责任不把自己的思维方式强加给别人。就我而言，我从中看到了我们这个职业最困难的方面之一。

因此，简单化的审美观指导着我们，有时也误导着我们。但我们必须承认，这种误导并非全无作用。即使它们暂时是不适宜的，因它们而形成的模型也有继续存在的意义，而且以后可能会找到新的应用领域。简而言之，我们可以说理论物理学家的艺术就在于知道在简单化方面**我们能够走多远**。

总的来说，由学识引起的错误以及由简单化引起的错误还处于较合理的、可接受的程度，但仍存在一些更加神秘、更加严重的障碍。在这里，我们举两个与学科最近的发展有关的例子。

20 世纪 30 年代末，苏联物理学家舒布尼科夫在一些超导合金中发现了异常的磁化规律。他认为这是一个基本现象。但他发现这一现象后不久就消失了。他是悲惨事件的受害者，其作品即使没有被列入黑名单，至少也被忽视了。同时代西方的一些实验工作者也在研究类似的合金，但他们**不承认**在他们的实验结果中看到新相的迹象。他们认为异常磁化归结为实验中金属样本的冶炼缺陷捕获了磁通量所致。引入一个单词“海绵”：合金好像**海绵**一样，在其内部，磁通量被束缚。海绵拥有所有的好处，或者更确切地说，拥有所有的毛病，它能够以不规则的方式释放或不释放磁通量。因此，它赋予了超导合金一层贬义的概念，这个被看作是**不端正**的课题被废弃了 20 年。不过，由于阿布里科索夫和古德曼的努力，科学界才重新发现了这个问题：人们认识到异常的磁化规律说明在金属中存在一个涡旋系统，但不同于牛顿的涡旋，这里所指的是我们能够用中子以及电子显微镜检测到的可观察的对象。我们用其发明者的名字为这个令人惊奇的相命名。但这太迟了！

从那时起，我就被海绵的奥秘所吸引。几年以后，我们的兴趣完全变了。我们不再研究金属和超低温，转而研究这些同时具有液态和各向异性的有机物质，从 G. 弗里德开始，我们称它为**向列相**。在这个与众不同的领域，对另一个谜题的研究通过以下的观察实验取得了一定进展：在显微镜下，向列相通常会显现出一些随时间变化而闪烁和涨落的小区域。到 1920 年，格朗让、莫根和弗里德已经认识到这个现象，并能够正确描述它。但不久之后，这一观察被重新解释并成为了一个神秘概念的基础，也就是**簇**。在这个模型中向列相液体以一群独立的小球集合的方式呈现，这些小球就跟我们所观察到的闪光点一样大。这个错误观念导致在长达 35 年的时间里，对“液晶”实验的结果都没有新的解释！我们付出了相当大的努力来说服某些实验工作者相信簇的主观性质。比如向他们展示，如果我们改变观测波长，就会相应地改变它的外观大小。

因此，我们的认知过程因海绵和簇这两种情况的**语言**障碍而持续受阻。我很高兴能够在巴什拉那里找到一篇对这些障碍的深入分析，尤其看到关于海绵课题的很多先例。为了解释空气的可压缩性和其在水中的溶解性，笛卡儿和奥雷米尔把空气视作海绵，另一些人则把铁看作是一种可以**束缚**磁通量的海绵。因此我们发现过去的神话在我们的研究路线中重现，我们太天真了，所以才会对此感到惊讶。但我们也认识到这种语言障碍严格遵守一些规则：无论是针对合金的频繁异质性还是向列相的闪烁，它们都源自一种过于简单的观察。然后一幅熟悉的图像叠加在这种观察之上：渔夫的海绵，一堆小麦的谷物。这幅图像本身只是荣格意义上的原型反映。簇可能是一种对蚁巢、发酵和生命的原型重现，海绵肯定是一种迷宫形式。在超导海绵的发明者和围绕它进行研究的整个科学界的潜意识中，存在着一种对米诺斯[①]的敬畏。这种敬畏显示出比对铅合金的好奇心更强大的力量，它遏制了舒布尼科夫的既正确又基础性的实验。

既然只有在熟悉图像的层面中，物理学家的具体论证才相对准确有用，那我们就停留在这个层面吧。当然，这些图像的数量随着我们知识的开拓而增长。在 17 世纪，人们打网球并且利用网球撞击墙面解释了光线在镜子上的反射现象。在 20 世纪，雷达图或 X 射线衍射图对于物理学家而言是一些熟悉的图像，这些图像反过来又有助于物理学家领会新的概念。但有时，这些图像会避开奥秘而不是解决奥秘，这正是我们在这里所关心的地方。有多少工程师曾受到他们所制造的机器的启发，想要通过弹簧或线圈系统来解释基本粒子的结构？有多少物理学家仍梦想着在生物分子中发现只有他们能够成功利用的现象？我们科学界往往对分子生物学的发展知之甚少，生命物质既迷人又令人生畏。我们所珍视的所有属性都授予了它：人们宣布核酸是铁电的，然后又说它们是超流体。最近，一位著名的物理学家提出了一种生命模式，其中化学能可以通过泵送机制转化成相干的集体振荡。对他而言，这些研究多年的振荡是他所熟悉的图像。

但这些建议往往很少有成效，它们有时会将整个研究小组带进死胡同。长此以往，生物学家对此产生了怀疑态度，我们当然也可以理解。它们清楚地揭示了研究者的某种态度，可以将之概括为：我在大草原上看到了一种传说中的动物，所有人都想得到它，却又害怕它。我想，我应该用这支精心打磨多年的箭打败它。愿这支箭既是我的武器，也是我的**“护身符”**。简而言之，既然他既有动机，又举行了仪式，那么跨学科研究就经常这样像拉弓捕狮般地开始了。然而我们应该改变行动方式，特别是用耐心的驯化来代替武器的使用：这一点我们稍后再谈。

更加广泛而言，我们可以定义一个**工具的失真**，无论这是一种数学形式主义还是一种工作方法，我们都时不时地会看到一些新工具的出

---

① 译者注：希腊神话人物，类似于中国的阎王。

现，它在某一特定情况下出色地证明了自己的价值。然后我们经历了一个神奇的阶段，在这个阶段，工具像护身符一样被用在各处，而不考虑其力量的有限性。这种类型的失真不是只出现在物理科学中，而是在我们的领域内，可以找到一些经典的、有时是长期存在的例子，例如**计算机**。对我们而言，尽管这种大型的计算机成本很高，但它们非常有用，可以帮助我们解决大难题。因此，对简单流体的微观结构进行模拟计算为我们带来了理论上和实验上的信息，这些信息是我们以前无法得到的。但在其他情况下，不管是在科学还是在科学管理当中，我们都会看到一些不确定的数据或有争议的运算模型被输入到计算机中，但最终的计算结果仍然受到重视，因为这些结果是由一台庞大的计算机得出的。这台机器虽然只是一个温驯的奴隶，但是也被提升为神谕[①]的角色。

根据德尔斐圣地的裂缝的神谕[②]，我们的时代会被罗伯尔·埃斯卡尔皮特所说的**一台用来制造胡言乱语的奇妙的电子机器**所替代。但不管女祭司皮提亚[③]是什么，她总是会向富豪克罗伊斯[④]要一些礼物。她能够得到这些礼物，是因为她知道如何跟我们的潜意识直接对话。

总的来说，我们看到了研究人员的弱点，通常就是一个疲惫的探险家的弱点。他看错了自己的地图，他沉迷于幻想，有时想要直接穿过已经裂开的地面。最后，在一片昏暗的森林里，当看到自己发明出来的幽灵时，他要么逃跑，要么拜倒。尽管他取得了很多成果，但我们忘记了他所经历的沧桑。请原谅我一定要坚持提到这些沧桑：在讨论我们究竟想做什么之前，诚实地说明我们的情况很重要。

然而这个关于目标的问题非常棘手：由于社会经济因素和科学因素混在一起，目前社会出现了一种危机，尤其是在固体物理学中。

首先是**运行**危机：直到大约 1965 年，为了给正在建设中的大学和工业实验室培养一批管理人员，人们需要创造大量的科学职业。而现在，经济萧条和大学的不景气致使情况完全改变：几乎不再有任何新的招聘，并且学校得到了大批的研究人员，但这些研究人员已经僵化、逐渐老龄化并且没有任何的内部流动。除了人员问题，还有设备问题。幸运

① 译者注：意指具有权威的作用。

② 译者注：德尔斐是一处重要的“泛希腊圣地”，古希腊城邦的顶级智库和信息交易中心。神谕就是古希腊人向神庙祭司提出他们关心的问题，然后祭司以神的名义作出的回答。著名的德尔斐神谕就在这里颁布。

③ 译者注：古希腊德尔斐阿波罗神庙中的预言女祭司。

④ 译者注：公元前 5 世纪里底亚最后一代国王，以财富甚多闻名。

的是，从这个角度来看，我们的凝聚态物理学就是一门利用小型团队完全进行手工操作的科学——不管怎么说，我们很少需要大型机器。但是，确切地说，正因为我们的团队很小，它非常地脆弱，1969 年和 1970 年法国的信贷限制就给我们造成了难以填补的空白。

另一方面，我们正经历**社会动机**的危机。至少，从 1945 年以来，物理学的发现在军事上的影响给我们中的很多人带来了意识问题。更普遍而言，由于其在冶金、电信、电气工程等领域的“重大应用”，固体物理学与经济的发展和变化密切相关。最近的一次波动也影响了华尔街的一些行情。针对固体物理学最引人注目的应用（晶体管、电视），一些学生对这门学科的研究进行了评估，并得出结论，认为固体物理学不能满足城市的实际需求，并且它没有热情参与其中。而研究人员预感到技术革命即将到来，这些革命将给我们的社会带来比当前的革命更加严重的问题。科研人员有时会觉得自己正在打造一个非常漂亮的工具，然后把这个工具放到一个失明巨人的手中。

归根结底，他们的行为动机和更深层次的理由就是对未知的追求。不过，从艺术工作者仍处于贫困当中这一现状就可以看出当今社会对这种文化目标并不重视。然而，任何人都可以被吉他曲调所感动，但人们却需要多年的耐心学习，才能够欣赏伦敦的作品。所以我们物理学家很难跟别人谈论自己所坚持的工作，甚至在我们的实验室内部，这种窘境也很明显。这里一群**技术人员**和一群**研究人员**在一起共同工作。如今，技术人员常常跟管理工作有关。尽管进行了有趣的尝试，我几乎没有看到技术人员真正关心他们所参与的实验发现。在这个领域，所有一切都是为了发明。

除了沟通问题之外，还有研究方向的问题，尤其是在**固体物理学**中。英国人皮帕德是最先认识到这个问题的人之一。在 1961 年，他曾忧伤地说道：“我们是这个时代的传统物理学家。我们的科学是一个有序的大厦，它有许多空白需要被填补，但没有任何动荡能够威胁到它。”不久以后皮帕德的一名年轻学生布莱恩·约瑟夫森①在一定程度上驳斥了这种悲观的说法。他深刻地改变并阐明了我们对超导体概念的理解，并为超导体以后的惊人应用开辟了道路。但在很长的时间里，皮帕德的观察

① 布莱恩·约瑟夫森，1940 年出生于卡迪夫，由于在超导体隧道效应方面的研究工作，33 岁获诺贝尔物理学奖：“约瑟夫森效应”。

结果对研究晶体系统仍有普遍效果。这个相是最有序、最简单的形态，它的大部分谜题已经被解开，至于那些未解之谜，众多理论家和实验工作者仍在为之努力。每个研究人员都能感觉到自己的个人贡献在科学界是很微小的。他知道如果自己从今天开始停止工作，他的研究进展可能会放慢几个月——因此竞争是非常激烈的，并且让人感到焦虑。这种情况在其他学科中也是一样。埃弗里·沙兹曼在他最近出版的一本书中论述了这种状态的经济学、心理学和社会学根源。我们并不能完全意识到焦虑的存在，有关人员往往倾向于将焦虑降到最低或者回避这个问题。

我们发现人们对这种情况至少持两种观点。第一种观点在某种程度上是美国政府所持有的，那就是立刻放缓研究工作，同时让研究人员对自己进行重新定位归类。这导致了相当大的经济损失。我们破坏了一个非凡的工具，却没有真正考虑到它的用途。一些研究人员持另一种观点，他们是一些完美主义者：人们对所有可用的材料做相同的物理测量，甚至尝试解决物理学中关于**定量**的问题：比如在晶体中找到完美的电子波函数。事实上，这样的规划对科学研究而言是一种有益的补充，但它们不能成为研究的框架。

就我个人而言，我认为固体物理学家需要更深刻的改变。他们拥有先进的技术和相当好的理论武器。在这些条件下，他们能够并且应该改变目标。

首先，他们应该以全新的精神应对应用性研究的问题。尽管该课题受到了经济上或政治上的反对，但我认为，大家可以就可接受的技术目标达成一致：比如海水淡化或物理学的医疗应用。但是，人们在思想上对技术有着很深的偏见，尤其是在我们国家。这种偏见可以概括成一句话，那就是基础研究决定**规律**，而应用研究决定**收入**。我不能接受这种说法。应用研究的真正意义不是把材料变成商品目录，而是根据规律进行发明创造。比如，激光是半个世纪前发现的光子发射和吸收规律的一项出色的应用。我们花了很长时间去想象和制造激光，同样也要花很长时间去理解超导体的基本奥秘。

一些研究人员反驳说，技术成就只是一时的，而基本规律是永恒的。在他们眼中，做技术就是在沙滩上写字。我不太赞成这个观点：我们的印刷技术跟普朗坦[①]工厂里的印刷技术的差异越来越大，但我们既不会

① 克里斯托弗·普朗坦（1514—1589），荷兰精装书装订工和印刷厂厂长。

忘记普朗坦，也不会忘记古登堡。技术发明是一门艺术，我认为没有理由为艺术建立等级。理论家在脑海中感受到一系列散乱的事物，而陶器工人则在自己手中看到一个新形状陶器的出现。他们体验着同样的快乐，提供着相同的服务。

事实上，真正的应用性研究很难有行家里手，首先是因为它太难了。在这里，我以阀门为例。这个东西基于一个简单的原理而做成，且几乎不需要进行复杂的想象。但让我们仔细地观察它：它会破裂，会生锈，会漏水，甚至不好操作，而且它很贵。如果我们想根据图纸修理阀门，我们就必须认真了解合金的可塑性特点、腐蚀机制、聚合物的流变学原理（因为它需要一个接头）、流体力学，当然还有一些经济学知识。最重要的是，还要有一点儿狂热的想象力。但是管道工程师很少具备这种文化和心理素质，即便他们毕业于我们所说的**大学校**，我们的阀门还是保持原样。这个小小的例子展示了新型应用性研究的可能性和困难性。

凝聚态物理学家的另一个研究方向是跨学科研究。以流体力学为例：为了研究我刚才提到的流变结构，我们现在有很棒的**物理探测器**，有激光、磁共振、声束、液晶等。目前，这些精密技术很少被应用于湍流的研究。我相信，如果流体动力学家和固体物理学家进行智力合作，这些技术可以带来十分重要的成果。类似的情况也出现在物理化学中：聚合物、物理膜，甚至有一天包括生物膜在内，都需要思想和技术的会聚。由于其学科的多样性和教学的灵活性，法兰西公学院尤其适合建立这样的跨学科对话。学科之间，哪怕是相近的学科之间，都存在巨大的语言障碍，但我希望我们能够在这方面取得一些突破，只要我们有点耐心和毅力。

因此，在今年的课程中，我们将就相变进行讨论。包括一些经典的、仍未被解开的谜题，比如从液体到气体的转化。但我们也会提及一些离我们的学科较远的课题，如宇宙诞生后几微秒内可能发生的物质和反物质的分离现象。通过研究不稳定的动态系统，我们会发现激光波在放大器中的产生与生命在地球表面的出现有异曲同工之处，至少艾根[①]就是这么设想的。在经济学中和社会中会有一些类似的现象：当一群人中的某一个人开始向空中看，不久后，所有人都会向空中看。这种人们观看的合作现象跟铁磁性晶体中的磁矩排列现象很相像：这是沃尔夫冈·魏德利希在社会极化理论中提出的观点。当然，这种方式的类比很脆弱。皮埃尔-亨

① 曼弗雷德·艾根，1967年诺贝尔化学奖得主。

利·西蒙最近强烈地提醒我们这一点。他谈到“威胁专家的重大罪孽：那就是意图减少与专家无关的相邻学科的研究方法和研究目的。”

我们意识到了这种威胁。我们也知道，刚才我引述的几组对比并不是在进行系统归纳时有用，而是有利于提出新的实验。它们只是未来要讨论的课题的指南，能够将不同背景的研究人员平等地聚集在一起。

因此，我们得到了一些实用的概念，其中之一就是研究小组的概念。目前，受到一些外部因素，如技术多样化、国际竞争的压力等的影响，研究人员针对同一研究课题共同努力是很有必要的。但这种趋势具有更深层次的原因：当一个小组由达成共识的多方人员组成时，它不仅能够增强集体意志，更能够在科学和人文方面获得其他成果。我有过两次参加此类活动的机会，在此，我想向所有参与活动的人致敬。

第二个结论是关于教育学的。如果我们想要创造有活力的、多变的、能够适应新条件的物理学的话，就必须把曾经的师生关系变成大家都是研究者的关系，并且把听众变成一个智囊团。的确，我们应该教授研究方法和工作准则。但在我们这个笛卡儿主义的国家，所有年龄段的学生都太过遵守众多的逻辑结构。因此，我们必须捍卫这种被炼金术士鲁兰①称为“存在于人类中的星辰”的想象力。我们既要教授形式性知识，又要让他们学会质疑；既要让学生们提出问题，又要让他们学会解决问题。简而言之，要不断地用例子来向他们证明世界比我们的体系更大。我认为，法兰西公学院似乎就是本着这种精神而建立的。我很清楚自己的一些个人缺点，但我还是来到了这里。希望大家可以帮助我，提前向大家说一声谢谢。

$n=0$ 定理

正如公众们用 $E=mc^2$ 公式来概述爱因斯坦的贡献，我们可以用 $n=0$ 定理来概述德热纳的贡献。但什么是 $n=0$ 呢？皮埃尔–吉勒·德热纳跟美国研究人员的关系不错，在将自己的定理公之于众之前，他阅读了威尔逊的算法。威尔逊②是重整化群的发明者，他将彻底改变相变物理学。德热纳在法兰西公学院（1971—1972）上的第一堂课叫作“对称性破缺和相变”。在课程的准备过程中，他发现聚合物链的构象可以和相变进行类比。更准确地说，他指出聚

① 大马丁·鲁兰（1532—1602）和小马丁·鲁兰（1569—1611），德国炼金术士和医生世家。

② 肯尼斯·威尔逊（1936—2013），1982 年获诺贝尔物理学奖。

合物的统计研究(针对在网格点上无规行走的路径进行研究，且所经过的路径不能重复)和相变一样，在四维空间中会变得简单。这一相似点鼓励他对重整化计算技术进行应用。他指出，只要把矛盾值 n=0 作为系统有序度的特征参数维度，这项技术就是可行的。他意识到自己的这项发现非常重要，于是立即缩短了假期，返回巴黎，写下了只有一页半纸的笔记。而这篇短短的笔记将会震惊整个聚合物物理学界。我们在这里将这篇笔记重现。德热纳曾在其 1988 年的作品概述和工作记录中介绍过这一定理。

EXPONENTS FOR THE EXCLUDED VOLUME PROBLEM AS DERIVED BY THE WILSON METHOD

P. G. DE GENNES
College de France, pl. M. Berthelot, 75 Paris 5e, France

Received 10 January 1972

By an expansion to second order in $\epsilon = 4\text{-}d$, we derive the mean square extension R^2 for a random, self excluding walk of N jumps on a d-dimensional lattice. The result is: R^2 = const. $N^{1.195}$(for d = 3).

Let $\Gamma_n(\boldsymbol{R})$ be the number of non intersecting walks of N steps connecting the sites 0 and $\boldsymbol{R}$ on the lattice, and:

$$G(P,\boldsymbol{k}) = \sum_{N=0}^{\infty} \sum_{\boldsymbol{R}} \Gamma_N(\boldsymbol{R}) \exp(\mathrm{i}\,\boldsymbol{k}\cdot\boldsymbol{R}) \exp(-NP)\,. \quad (1)$$

When P decreases, on the real axis, down to a certain value P_c, we reach a singularity of G:

$$\lim_{P\to P_c} G(P,\ \boldsymbol{k}=0) = \text{const.}\,(P-P_c)^{-\gamma}\,. \quad (2)$$

The total number of non-intersecting walks of N steps starting from the origin is:

$$Z_n = \text{const.}\,N^{\gamma-1}\exp(NP_c)\,.$$

Just at $P = P_c$, we expect that $G(P_c, \boldsymbol{k}) =$ const. $k^{-2+\eta}$. From the usual scaling arguments, the mean square distance traveled during a self-avoiding walk of N steps is R_N^2 = const. $N^{2\nu}$ with $\nu = \gamma/2\text{-}\eta$.

In the present note we compute γ and η using the method of Wilson [1]. We expand G in powers of the excluded volume parameter v_0. The corresponding diagrams are described in the literature [2]. The scaling results are known to be independent of the magnitude of v_0, provided that $v_0 > 0$. We then choose v_0 so that the renormalised coupling constant $_r$ satisfies the scaling requirement for the 4-point vertex*:

$$v_r = \text{const.}\ r^{\epsilon-2\eta/2-\eta}\,, \qquad r \equiv (P-P_c)^{\gamma}\,. \quad (3)$$

* This derivation of eq. (3) was suggested by P. Martin.

Eq. (3) may also be obtained as follows: for real values of P below P_c, it is possible to define a continuation to the problem of eq. (1). Consider a lattice of N_0 sites, and call Ξ_n the number of ways of drawing on this lattice one self excluding chain of lenght N. The limit of interest is:

$$N_0 \to \infty,\ N \to \infty,\ N/N_0 = \rho \quad \text{finite.}$$

Define the thermodynamic functions $S(P)$, $S(P,\rho)$, by :

$$\exp(S(P)) = \sum_N \Xi_n \exp(-NP)$$

$$\exp(S(P,\rho)) = \Xi_n \exp(-NP)\big|_{N=N_0\rho}\,.$$

These functions are also singular at $P = P_c$. The funtion $S(P,\rho)$ may be expanded in powers of ρ. With the usual scaling assumption and notation, the expansion is:

$$-\frac{S(P,\rho)}{N_0} = \alpha_0(P_c-P)^{2-\alpha'} + \alpha_1(P_c-P)^{\gamma'}\rho + \tfrac{1}{2}a_2(P_c-P)^{\gamma'-2\beta}\rho^2\,. \quad (4)$$

The coefficient of $\frac{1}{2}\rho^2$ is the renormalised coupling constant. Again through scaling relations, it coincides with eq. (3).

The diagrams for the spin problem of ref. [1] and the diagrams for the chain problem have the same topology, if the interactions are drawn as point-like. But, if the interactions are represented by dotted lines, a distinction appears. For instance, in the first order corrections to G, the "direct" diagram with one closed particle loop, which contributes a term propor-

Volume 38A, number 5 PHYSICS LETTERS 28 February 1972

tional to the spin index n in ref. [1], has no counterpart for the chain problem: only the "exchange" diagram remains. Finally the Wilson formulae may be used provided that (a) the index n is set equal to zero; (b) the Wilson interaction constant u_0 is replaced by $\frac{1}{8}v_0$. The results are:

$$\gamma = 1+\epsilon/8 + 13\epsilon^2/2^8 + O(\epsilon^3)$$
$$\eta = (\epsilon^2/64)[1+17\epsilon/16] + O(\epsilon^4) \,. \tag{5}$$

For $\epsilon = 1$ ($d=3$), $\gamma = 1.176$, $\eta = 0.032$ and $2\nu = 1.195$, in very good agreement with the series results of Fisher and Hiley [3]. The result for 2ν is close the Flory value ($2\nu_F = \frac{6}{5}$), but this is somewhat fortuitous: for an arbitrary d (<4), the Flory argument predicts $2\nu_F = 6/(d+2)$ [4]. To first order in ϵ, this would give $\gamma = 1+\epsilon/6$, in disagreement with eq. (5). A similar criticism applies to the Gaussian variational method [5] where $2\nu_G = 4/d \rightarrow 1+\epsilon/4$.

It is a pleasure to thank P. Martin, J. des Cloiseaux and P. Hohenberg for various discussions on related subjects.

References

[1] K. G. Wilson, Phys. Rev. Letters, to be published.
[2] M. Fixman, J. Chem. Phys. 23 (1955) 1657;
H. Yamakawa et al., J. Chem. Phys. 45 (1966) 1938.
[3] M. Fisher, B. Hiley, J. Chem. Phys. 34 (1961) 1253.
[4] P. J. Flory, Principles of polymer chemistry (Cornell University Press, Ithaca, N. Y., 6-th ed., 1967) Chap. 14.
[5] J. des Cloizeaux, J. de Phys. 31 (1970) 715.

从理论上看，我们可以在相变和链的统计之间建立严格的关系。这种关系是非常抽象的：它要研究一种拥有 n 个独立组分的磁化的磁系统，而且当 n=0 时（非物理情况），这种关系就会消失。然而，我们通过物理学理论中的许多其他例子可以发现，将某些结果扩展到非物理参数值或许会产生很大成效（碰撞理论中的复杂角矩就是如此）。1972 年我们创立的“n=0”定理使得关于相变的丰富理论积累转用在聚合物问题的研究中。

图 2 展示了无重复的随机移动路线。一个旅行者从 A 处出发，在网格上连续 n 次跳跃抵达 B 处。每次跳跃时，旅行者的方向都是随意的，但他不能重复经过同一个网点。

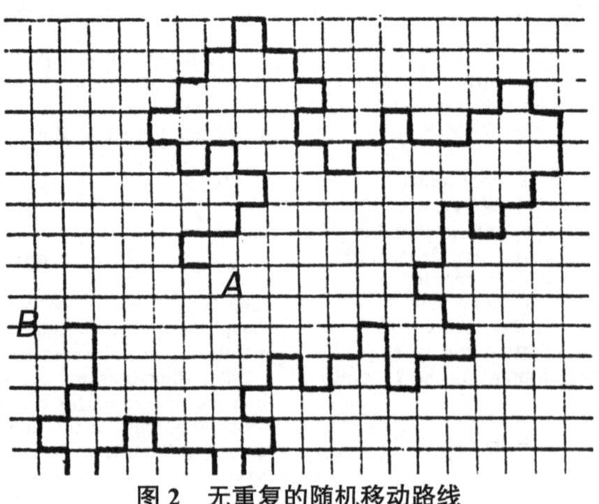

图 2　无重复的随机移动路线

这个问题在聚合物物理学中非常重要，“路线”*AB* 就代表了一条柔性链。当然，它对解决其他领域的问题，如部落的迁徙对自然环境造成一定的破坏等问题也非常有用。正因为有了 n=0 定理，这些问题才基本上和相变物理相联系。这些问题有一个共同点，那就是它们都是独立于局部结构之外的定律。

材料及其创造者

本文 1979 年发表于《研究》期刊，皮埃尔-吉勒·德热纳在文中自问道：新的伯纳特·贝利希们会不会只专注物质的混沌，而不是物质的有序呢？

5000 多年前，我们的祖先就懂得使用物质材料，如罐子、皮革。自实验方法引入以来，已经过去了 500 年。50 年来，由于原子物理学和量子力学的飞速发展，人们理解了各种常见的物质形式：为什么这个是透明的而那个是不透明的？为什么这个是固体而那个是液体呢？这一进展的方向是什么？通常的回答（媒体报道中和制定计划的人常常这样说）是这样的：目前，我们有可能扭转这一进程。有可能为了产生新的效果而创造新材料，而不再继续研究常见的材料及其所展现的效果。不管是半导体、晶体管、微电子还是塑料冶金，都经历了这样的历史。我们注意到，这一“建设性”举措有时要依赖重型设备，如图卢兹的巨型电子显微镜，格勒诺布尔的高通量反应堆，或是奥赛的 LURE 实验室。这些装备分别产生了精心挑选的电子、中子和光子，用于原子排列的精细研究。

因此，在公众心目中，这种研究被简化为两个图像，即新产品和大型机器。我个人认为这些图像是不准确的：首先，凝聚态物理学的贡献不仅仅是带来一系列产品，研究人员的工作也是一项真正的手艺活，通常由小团队采用简便的手段来完成。我认为伯纳特·贝利希（1556 年，为烧制陶器把家具烧了）和伊瓦尔·贾弗埃[①]（1959 年，把最初的“隧道结”蒸发）在风格上没有什么太大区别。

根据定义，凝聚态物质是指任何具有众多强相互作用的个体的系

---

① 伊瓦尔·贾弗埃（1929 年出生），挪威物理学家，研究半导体和超导体的隧道效应，因此获得 1973 年诺贝尔物理学奖。

统：这里的“个体”可以是原子、分子，或是原子内的电子。但在更小的层面上，它们也可能是原子核里的核子或“中子星”里的核子；从大范围来看，法国选民的选举行为跟铁原子的行为有相似之处。每个铁原子都带有一个磁体：通过相互激励，很多磁体都将指向同一方向。选民们和磁体遵循有点相似的定律。

因此，这些**合作现象**出现在不同的知识领域。我们不停地在新的系统中找到这些现象，包括“链”系统、“页”系统或“面”系统，同时也包括1972年由康奈尔大学的一个研究团队①发现的氦（^{3}He）元素稀有同位素的“超流体”相。这些合作现象近几年得到了广泛的研究，但人们在很长一段时间内都没能更加深入了解：比如，尽管我们花了半个世纪的时间进行精密的测量，却仍然没有任何图像可以描绘**液体**到**气体**的转化。只是在1971年，由于采用了全新的方式，肯尼斯·威尔逊的“重整化群”让一切都变得清晰明了：所有的合作现象都是清楚有序的。我们在这里只介绍了众多**开拓性见解**中的一个，这些见解最多每10年或15年出现一次，并将对我们未来的发明有重要影响。杰弗里·泰勒②提出了位错（冶金的关键），布赖恩·约瑟夫森于1963年提出超导体隧道效应（这可能是21世纪计算机科学的关键），肯尼斯·威尔逊解决了相变问题。他们真正地雕塑了未来。但有多少法国人知道他们的名字呢？

战后，法国的凝聚态物理学在一些曾在国外受过教育的研究人员的推动下，取得了惊人的进展。在这个阶段，我们主要是在微观层面（晶体中的原子，或者还有原子核中的核子）取得成果。目前，在这个层面发生的主要效应已经差不多被我们搞明白了：以晶体的光学特性为例，我认为，它对我们而言已经不再神秘了。未来，我们研究的问题不再是在原子层面，而是在更大的层面。首先这里要提到的是近年来已经被研究得相当清楚的**缺陷**（包括线、面的奇异性）物理。这里也有一些从流体力学中引述的其他例子，这门科学被看作是古老的科学。我们知道从下方加热的液体可能变得不稳定。但通过漂亮的实验（光、热）以及选取新的液体（液晶、介电流体、超流体），这个传统现象中出现了一些让人意想不到的东西。最惊人的发现就是人们称之为**混沌**的出现：即最初

① 1966年诺贝尔奖得主，美国人奥谢罗夫、戴维·李和里查森发现费米子在极低温度下（2mK）具有超流性。

② 杰弗里·英格拉姆·泰勒先生（1886—1975），英国物理学家，固体力学和流体力学专家，在剑桥大学从事科研工作。

简单的流动变得不规则的时刻（比如当我们加热一盆水时）。只是通过实验和数学分析，人们才开始得出混沌的规律。另一个未解之谜是关于**强湍流**的，这种现象在船桨划过后会出现。彼时，由船桨带起的巨大涡旋会分解成重复出现的小涡旋。我们曾希望重整化群可以解开这个谜题，但尽管人们做了大量的实验和理论努力，（目前）还是没能将谜题解开。

对凝聚态物质研究的兴趣转变得很快，人们已经不再对在 20 世纪 50 年代的某些受欢迎的课题（如半导体、磁学）付出太多心血。与此同时，另一些课题变得颇受欢迎，尤其是那些涉及**无序**系统的研究，也就是我们所说的原子层面的无序（比如在一块玻璃里的），又或者是较庞大的物质的无序。因此，我认为统计力学的开放性问题就像关于**沙堆**的问题，我们要研究它的平衡斜率、它崩塌时的动力学问题等。在未来几年，我们必须说服研究者们，沙丘跟星系和原子核一样，它们都是很棒的研究课题。

但研究人员的科研活动有自己的风格，有不稳定性，并且受习惯的影响。有一天，我们会通过新的跨学科活动，跟社会学家们一起探讨从凝聚态物质研究中获得的新概念将会用在何处。

软 物 质

这是 1991 年 12 月 9 日在斯德哥尔摩诺贝尔奖颁奖典礼前的一个会议上用英语发表的演讲。皮埃尔-吉勒·德热纳在演讲中既追忆了他所尊敬的伟大科学家，又慷慨地提及了周围年轻研究人员的实验工作。1992 年 7 月，这篇文章被收录进《现代物理评论》。

什么是软物质？美国人更喜欢用“复杂流体”这个术语来表述软物质。这个词体现了软物质的两个主要特征：

（1）**复杂性。**简而言之，我们可以说现代生物学是从简单的模型系统（细菌）开始，逐步进入研究复杂的多细胞生物（植物、无脊椎动物、脊椎动物等）的科学。同样的，软物质是 20 世纪上半叶原子物理学迅猛发展而产生的一个分支，它涉及聚合物、表面活性剂、液晶以及胶体粒子。

（2）**“柔性”**。我想用亚马孙河流域的印第安人针对聚合物做的一个古老实验来说明这一点。他们收集橡胶树的胶乳，然后涂抹在自己的脚上，晾一会儿，于是就有了一双**靴子**。如果从微观层面上解释这件事，要先从柔性独立的聚合物链系统说起。空气中的氧在聚合链之间建立了一些桥梁，因此而引发了奇特的变化：液体变成了承受拉伸的网状结构，也就形成了我们所说的橡胶。橡胶一词就是从印第安语直接翻译而来。这件事最令人感到惊异的一点是，适度的化学操作就会让力学性质发生根本的变化——这是软物质的一个特征行为。

其他的聚合物有更加刚性的结构，比如**酶**。它是一种长氨基酸序列，折叠成紧密的球体。其中某些氨基酸的作用至关重要，它形成了有着特定催化（或识别）功能的活性位置。对此，贾克·莫诺很久以前提出了一个非常有趣的问题：人们用 20 个氨基酸组成一个受体位置，其中活性元素的位置已经被完全确定。把所有的活性单元都放进去是不可能的，因为它们不能通过直接相互关联找到合适的方向和位置。所以，需要在两个活性单元之间加入一个**间隔物**。也就是说加入一个柔性的氨基酸序列，以便位于两端的活性位置可以很好地相对定位。莫诺提出一个问题：间隔物的最低数量是多少？事实证明，这个问题的答案是非常精确确定的，神奇的数值是 13 到 14。低于这个数，就无法形成正确的组态；超过这个数，就会出现太多的排列方式。基于体积排除的论据，这个验证非常简单——但没有考虑到保持酶稳定性的一个必要条件，即内部部分是疏水的，而外部部分是亲水的。但我敢肯定，这对于间隔物神奇数值的改变不会超过一个单位。如果我们看一下像肌球蛋白这样的简单球状蛋白质中的间隔物大小，会发现它也很接近 13 到 14。

让我们回到溶液中的柔性聚合物，以强调其奇特的力学性质。安德鲁·凯勒和他的同事所做的四缸反向旋转实验就是一个很好的例子。将球状聚合物稀释的溶液进行纯纵向剪切，使得分子可以长时间拉伸。如果剪切速率超过某一个确定的值，就会引起突然的转变，且介质会变成双折射的。这就是我在 1974 年所说的“球—棒”转变，英语叫作**卷曲—伸直**转变。当剪切力开始把球状物切开，球状物会带来更多的流动，于是开口会变得更大——也因此而发生突然的转变。在这里，我们看到了软物质的另一个迷人的方面，即其在力学和构象上的完美结合。凯勒也证实了，如果剪切速率刚刚超过转变的阈值，聚合物链条的中间位置会发生断裂——这是一个惊人的结果。

聚合物稀释溶液的另一个有趣特性是它们能够减少湍流流动中的损耗。尽管卡罗尔·迈赛尔斯最先发现这一点，但这个现象通常还是被命名为汤姆斯效应。我很荣幸，现在可以跟卡罗尔·迈赛尔斯共事。我跟我的朋友塔博尔试图按照标度律，为湍流瀑布中的球状聚合物建立一个模型，但我们的力学专家的朋友们认为这不太现实，时间会对此作出检验。

我谈了很多关于聚合物的事。对我来说，以同样的方式谈论胶体也是正常的。我愿意把它们称为“超分散物质”。由于我在哥德堡举行的诺贝尔研讨会上曾经就这个课题发表过演讲，所以尽管它们具有重大的实用价值，我就不在此赘述了。我其实更想谈一谈表面活性剂。这种分子由两部分组成：亲水的极性头和疏水的脂肪酸尾部。本杰明·富兰克林用这些化合物做了一个漂亮的实验。他向克拉帕姆池塘倒了少量的油酸，这是一种可以在水—空气的界面上形成致密薄膜的天然表面活性剂。通过测量覆盖已知池塘的表面所需的表面活性剂的总体积，他能够推测出油膜的厚度，用我们现在使用的单位，大约为3nm量级。据我所知，这是最早测量分子大小的实验[①]。我很喜欢向我的学生们介绍这种富兰克林风格的实验。在现在的年代，人们总是沉迷于像核反应堆或同步加速器源这样的复杂实验装置。

表面活性剂可以保护水面，或者产生一些孩子们喜欢的美丽肥皂泡。在很大程度上，我们对这些物质系统的了解要归功于由迈赛尔斯、信田和弗兰克尔组成的卓越科研团队。他们就这个课题在 1959 年编写了一本参考书。遗憾的是，这本书如今很难找到。我非常希望可以重新发行此书。

1976 年我和弗朗索瓦丝·布罗沙尔以及让·弗朗索瓦·列侬都对**双层**系统感兴趣。双层系统是由两层头对尾、尾对头的表面活性剂组成，每层都指向它周围的水。红细胞就是这样一种物质（但更加复杂）。人们早就知道这些细胞在通过相差显微镜观察时会**闪烁**。我们认为这种现象表明了非平衡条件下生命系统的某些不稳定性。其实，这非常简单：不溶性双层系统的基本性质是在给定表面活性剂分子数目的条件下，它们

① 事实上，富兰克林没有采用将体积除以表面积的简单操作来确定薄膜的厚度，从而测量分子的大小。而是 1874 年，也就是一百年后，瑞利男爵这样做了。德热纳知道谁做了这种除法，但他喜欢介绍这种简洁风格的实验。

能让自己的表面最优化。于是，表面能是面积的固定函数，因此表面张力为零。这意味着这些瘪掉的细胞或“囊泡”的形状的涨落十分巨大：细胞的闪烁是由这些非常柔性系统的布朗运动所引起。让·弗朗索瓦对闪烁的时空相关性进行测量后表明，利用一个表面张力为零且只考虑弯曲能量和黏滞力的模型，可以解释这个现象。

这是软物质研究的一个很好的范例，它是众多双层表面活性剂研究工作（如 W.赫尔夫里希的开拓性研究），或者更正式地说，也是随机表面问题（特别是 D.尼尔斯的研究）工作的出发点之一。这个领域中的一个重大成果是波特、鲁克斯和凯特发现的微乳化液中的“海绵相”。有趣的是，十分复杂的弦理论和这些肥皂的故事之间居然有着一定的交集！

现在让我带你们来到花园的另一个角落，谈一谈液晶吧。在此，我们要向两位伟大的先驱者致敬。首先是乔治·弗里德，他是第一个理解液晶是什么以及液晶有哪些主要类型的人；然后是查尔斯·弗兰克（在奥辛的初步工作之后），他建立了向列相弹性理论，并描述了它们的一些拓扑缺陷，**向错**。我在这里只讨论近晶相。通过观察这些系统的某些缺陷（焦锥），弗里德在 1922 就指出，它们的结构应该是等间距的、可形变的液体层的堆垛。通过在 100μm 的尺度进行观察，他成功地推断出每一层有 10Å 厚的真实结构——这是一个真正的令人震惊的成就。

近晶相很自然地把我引向复杂流体的另一个重要特征，那就是它们有可能创造出**新的物质形式**。上文提到的海绵相就是一个例子。1975 年，罗伯特·梅耶在奥赛发现的铁电近晶相震惊了科学界。他对分子的某种排列进行了研究。这种手性分子的排列可以形成一个带有非零电偶极子的相（C*相）。奥赛的化学家只用了几个月就合成了正确的分子，第一个铁电液体也由此诞生。由于它们的开关速度比向列相快 1000 倍，这些系统在显示器的研发中起了重要作用，比如用于手表屏幕的制作。

另一个例子虽然没有那么重要，但很有趣。那就是由玛德莱娜·维西耶和帕斯卡尔·法布尔所设想的**铁-近晶型液晶**。我们从水相中的铁-流体说起，也就是精细磁颗粒的悬浮液（铁-流体，很久以前由 R.罗森茨威格发现，具有非常独特的性质）。然后，我们发现了一种类似三明治的组合，即双层、铁-流体、再双层交替出现的结构。在存在磁场 H 的情况下，当 H 平行于层面时，这种系统能量最低。于是，在另一种对立的情况下，即磁场垂直于层面时用偏光显微镜观察这个三明治组合是很有趣的。对于较弱的场，什么都不会发生；当超过一定的阈值时，在视场中会出现各种各样的像花一样的图案，且在磁场的作用下不断长大。我们对此是这么理解的：它以起伏的形式连续发展为一个不稳定性，然后变成焦锥，其尺寸由初始的起伏所决定。之后又以更小的焦锥把空间填满。这种三明治组合可以检测到约 10 高斯量级的弱磁场。

让我再举一个例子，那就是首次由克里斯蒂安·卡萨格兰德和玛德莱娜·维西耶发现的**雅努斯微粒**。雅努斯神[①]有两张面孔，而雅努斯微粒也有两张面孔，一面是非极性的，另一面是极性的。因此，它们跟表面活性剂有点像。但是，如果我们考虑在水-空气界面有一层薄膜，那么这种微粒跟表面活性剂就很不一样了。表面活性剂的一层致密薄膜具有不透水性，而雅努斯微粒的表层是有空隙的，可以使得两种介质进行化学转换。这层皮肤会"呼吸"，所以这种微粒可能会有其他的应用。

第一种制作雅努斯微粒的方法是将球形微粒半浸入塑料物质中，然后对其可见部分进行化学处理，使其具有疏水性。但遗憾的是，我们只能用这种办法生产出微量的材料。戈德施密特公司研究中心的一个小组发明了一种更精巧的工艺。利用市面上销售的"**中空**"玻璃的颗粒，先处理它们的表面，使其具有疏水性；然后将它们粉碎！由此产生的碎片具有亲水面和疏水面。当然，这种玻璃是不规则的，但是可以量产。

在此，我想花几分钟的时间来讨论一下软物质的研究风格。首先要强调的是，尽可能地进行非常简单的实验，这符合本杰明·富兰克林的精神。让我给你们举两个例子吧。第一个是关于**纤维的润湿**。通常，将一根纤维浸入到液体中，然后取出，我们看到在纤维上会出现一串水滴。因此，人们长期以来一直以为纤维是不可湿润的。弗朗索瓦丝·布罗沙尔德对曲面上液体的平衡进行了理论分析，并且得出结论，认为水滴之间可能存在一层润湿膜。让-马克·迪·梅格里奥和达维德·凯雷证实了这层膜的存在，并且以一种精致的方式测量出了它的厚度。通过滴入彼此相邻且一大一小的两滴水，他们发现小水滴会慢慢融入到大水滴中（正如毛细现象那样）。这种泊肃叶流动对液体的厚度非常敏感。小水滴自我排空的速度决定着纤维上薄膜的厚度，并且能够把两个水滴连通起来。

① 译者注：雅努斯神是罗马人的门神，也是保护神。

关于润湿的另一个精巧的实验是**接触线的集体模式**——接触线是指固体上液滴的边缘线。如果这条线被扰动，它应该在弛豫时间内回到其平衡位置，而弛豫时间与扰动波长有关。我们很想研究这个课题，但是如何扰动这条线呢？我曾设想过用复杂的方法来解决这个问题，比如利用蒸发金属形成叉指电极来产生电场。我甚至还想过更糟糕[①]的方法，但蒂埃里·翁达鲁胡的实验方法要简单得多。(1）首先在固体支撑物上倒一滩水，得到一条漂亮的接触线 L。(2）把纤维浸入到水中，再拿出来。由于瑞利不稳定性，这样就得到了一串规则的周期性液滴。(3）把纤维放到与 L 线平行的固体上，他将液滴的这种排列转移到固体上。(4）通过倾斜支撑物来推动 L 线，直到 L 线接触液滴；通过并合作用，就可以得到一条波浪线。他可以测量这条波浪线的弛豫时间。

到目前为止，我一直在强调实验，而不是理论。但软物质的研究也需要一定的理论支撑。软物质和其他领域之间有时会有一些有趣的相似性。一个重要的例子就是萨姆·爱德华在 1965 年发现了柔性聚合物链的构象与非相对论粒子的轨迹之间有很好的对应关系。这两个系统都由**相同的**薛定谔方程所决定！这一发现成为了聚合物统计研究今后发展的出发点。

另一个有趣的类比是我们和已故的麦克米兰同时发现的，近晶 A 相和超导体之间的类比。这个类比后来又被汤姆·卢本斯基和他的同事们进行了富有艺术性的发展。然后，我们将再次看到新物质形态的创造！我们知道，第二类超导体在磁场下会被量子化涡旋网络所占据。类似的系统是指在近晶 A 相中加入起场作用的手性溶质。卢本斯基在 1988 年就曾预言，在某些有利条件下，我们应该得到有螺位错贯穿的近晶相，也就是 A*相。而平达克和他的同事们只用了一年时间，就通过实验发现了这个 A*相。这是一个真正的壮举。

最后，我想用一些同伴的名字来为这段软物质的情感旅程做一个简单的总结。在这个旅程中，我曾遇到一些人，比如液晶的伟大发现者让·雅克；或表面活性剂科学无可争议的大师卡罗尔·迈塞尔斯。还有一些人一直陪伴在我身边：亨利·贝努瓦、萨姆·爱德华把我带进了聚合物科学的世界；雅克·德伊·克罗伊泽、杰拉德·扬宁克曾就这一主

① 译者注：幽默的形式，德热纳在自嘲。

题写过一本非常深刻的理论著作；最后是那些陪我翻山越岭的最亲近的同事们：菲尔·平卡斯、什洛莫·亚历山大、玛德莱娜·维西耶、艾蒂安·居永。最后不能不提的是弗朗索瓦丝·布罗沙尔。如果没有她，我不会有现在的成就。

最后这几句话不是我的原创，我想借用布歇[①]的这幅雕版画（图3）中的诗句，因为它恰好体现了软物质研究的历程。

让我们尽情地玩耍吧！在大地上，在海浪里。
不幸啊！谁在为自己出名，
财富、荣誉不过是世界的虚假碎片，
一切都只是梦幻泡影。

图 3 布歇的雕版画

① 译者注：弗朗索瓦·布歇（1703—1770），18 世纪法国画家、版画家和设计师，法国国王路易十五的首席画师，皇家美术院院长，是 18 世纪最典型的装饰画家的代表。

第二章　致　谢

皮埃尔和玛丽·居里

1995年4月20日，德热纳在皮埃尔和玛丽·居里的骨灰移入万神殿时发表了这篇演讲。当时到场的嘉宾有将满第二届任期的法国总统弗朗索瓦·密特朗，以及波兰总统莱赫·瓦文萨。“因他们对辐射现象的合作研究”，皮埃尔（1859—1906）和玛丽（1867—1934）与亨利·贝可勒尔共同获得1903年诺贝尔物理学奖。1906年，皮埃尔去世后，玛丽继续研究工作，并在1911年“因其发现镭和钋，并对它们的性质和化合物进行研究”而获得诺贝尔化学奖。

国家很少能够预测到未来的发展。19世纪80年代的法国人民对布朗热将军[①]的热情远高于对年轻的皮埃尔·居里的热情。但是后者在21岁的时候，发现了一个非常奇怪的现象：他跟弟弟雅克一起按压小水晶时，居然出现了电荷。谁能预料到压电现象这个晶体学的游戏，居然在日后带来了重大的研究发现！在他的学生保罗·朗之万手中，超声波诞生了：声呐（水下作战的关键，也是鱼群探测器），超声检查，肾结石的治疗……谁能预料到百年后的当下，原子可以通过近场显微镜被逐个看到、逐个移动？而没有压电现象，就没有近场显微镜。

居里的这第一个发现有难以捉摸的地方：我们按压水晶的一面，电荷会出现在另一面。这里包含着深刻的几何定律，他对其进行解释和扩展，十年后终于具备了物理学定律中关于对称性的全球视野。他针对这个课题所写的文章是真正的预言性文本。20世纪我们对世界的所有分类，宇宙诞生时的基本粒子，都是基于对称性思想。他是第一个感受到对称性重要作用的人。

所以他既是观察家、又是思想家，同时也是大工匠。在他26岁成为

---

① 译者注：乔治·布朗热（1837—1891），担任法国陆军部长时，曾在法国掀起民族沙文主义运动，但他怯阵出逃（后自杀）。

不起眼的巴黎市高等工业物理和化学学院的研究主管时，他在这所学校建造了各种设备，并且每台设备都非常精密：包括帮助他发现磁学基本定律的居里天平，还有可以测量极微弱电荷的压电静电计。还有什么东西能比这个静电计的设计制造更难解决、更专业呢？镭的所有的传奇故事也因它而出现。

因为皮埃尔既耐心，又乐于思考，他在35岁的时候遇到了有同样耐心、乐于思考的学生玛丽，但玛丽更加执着，她真正无所畏惧。他们对贝可勒尔的一个观察（几乎是偶然的）感兴趣，他们发现用铀盐包围起来的照相底片能够显现出图像来。玛丽对此提出了一些很好的问题。借助静电计，她可以对这种未知的辐射进行定量研究。很快，她明白了，这不是一个化学反应：铀的所有常见化合物都会发出同样的信号。然后她发现了一种铀矿石，即沥青铀矿，比其他矿石更加活跃。于是，玛丽提出了一个假设，哦，太大胆了：在沥青铀矿中有一种非常活跃的杂质。他们发现了几个杂质。第一个以她心爱的、被压迫的国家命名，也就是钋。第二个则需要付出更多的努力才能得到：通过艰苦的化学实验，他们才从几吨的矿石中提取出几分克这种物质。他们把它称作镭。

今天这场仪式应该让我们回忆起这条漫漫征途是多么的艰辛。他们不仅面临着技术上的困难，而且他们的实验设备也很简陋，同时还受到行政机构的阻碍。索邦大学在1898年取消了皮埃尔·居里的候选人资格。1910年，研究所也不想要玛丽·居里。更糟糕的是，科学保守主义也对他们造成阻碍：开尔文勋爵在1906年利用自己所有的权威，提议说镭不是一种新元素，而仅仅是一种铀-氦化合物。这一观点将被玛丽·居里完全粉碎。

他们的女儿艾芙为这些苦难作了温暖而忠实的见证。像许多高中生一样，我在14岁的时候也有机会读过艾芙的这本著作。我永远不会忘记书中的内容。我们不知道他们的研究带来了多少新的职业，我们也不知道有多少女性受到玛丽的影响而投身于科研事业。

他们所有的工作都在陋室中赤手空拳地完成，一门新的科学历经艰难终于诞生，人们将之称为核物理学。最初的研究是很令人疲惫不堪的，但皮埃尔一点儿都不怕。接下来的30年，知识将会呈爆炸式增长。他们的女儿伊蕾娜和其丈夫弗雷德里克·约里奥将为此作出杰出贡献。

玛丽最后一个伟大时刻可能是1933年的某一天，约里奥为玛丽带来了一段管子。在这个铝管中，通过辐射而转化成的磷本身就具有放射性。她把管子放在盖革计数器上，发出噼啪的声响。此时，她的眼睛亮了。她知道人工放射刚刚诞生了！这将为法国带来又一个诺贝尔奖。

在这里，我们还要向政治的智慧致敬。约里奥能够在接下来的几年中如此迅速地、有效地工作，得益于一个具有创造性和激励性的机构，也就是让·佩兰创立的法国国家科学研究中心的支持。和五十年前一样，今天法国国家科学研究中心的存在和它的独立性对法国科学的未来仍起着至关重要的作用。

多年来，核机器的研究一直在发展。玛丽去世后不久，核机器为整个 20 世纪带来了翻天覆地的变化。1936 年，汉斯·贝特通过核反应了解了像太阳这样的恒星所产生的巨大能量。但跟莱昂纳多·夏夏在**《马约拉纳的消失》**[①]中所写的相反的是，直到 1938 年，仍没有一位严谨的科学家能够预料到地球上核工业的发展。戏剧性的变化发生在 1939 年，核裂变被发现。包括弗雷德里奥·约里奥在内的多名研究人员发现连锁反应是可行的。1942 年，费米建立了人类第一座核反应堆。1945 年，两枚原子弹在日本上空爆炸。

这种可怕的力量在未来会变成什么样呢，这是**我们**的问题。但是，千万别搞错了。我们要面对的第一个问题是地球人口的失控增长：目前地球人口是 60 亿。第三世界每年的人口增长率为 2%。如果没有大量的能源支持，这些人口将无法生存。化石燃料是一种暂时的且不完美的解决方案。太阳能目前也只是一种补充性的能源。世界将长期需要核能。法国已经向世界展示出，作为一个组织严密的国家，它是有能力有效使用核能的。但如何把这种经验传递到民用和军事风险更加严峻的第三世界呢？

一个男人和一个女人的辛勤工作使得 20 世纪人类的权力和责任都充满戏剧性。我们和我们的孩子需要懂得如何应对这一挑战。让我们铭记这对榜样夫妇。他们疲惫却充满幸福；他们非常单纯；他们改变了世界的面貌。

---

① 译者注：埃托雷·马约拉纳（1906—1938？），意大利理论物理学家。他是物理界公认的杰出怪才。他在中微子质量上做了先驱研究，并提出了马约拉纳方程，后来神秘失踪。

纪念什洛莫·亚历山大

什洛莫·亚历山大、菲尔·平卡斯和皮埃尔-吉勒·德热纳从开始从事科研工作起，就一直是好朋友。德热纳对什洛莫的突然离世感到十分震惊，因此特地为他写了一篇纪念文章，并在1998年刊登于《物理A辑》杂志。

什洛莫·亚历山大于1998年8月7日在一场交通事故中离世。他曾是我们这一代人的领导者之一。

我第一次见到他是1960年在魏茨曼科学研究所。他是一个高个儿的小伙子，瘦瘦的，看起来有点心不在焉。他从事核共振实验研究（与索尔·梅博姆一起），同时又是一个理论家。之后还在菲尔·安德森那里做研究。他有自己的个人风格，有着深邃的思想。他经常和别人进行争论，必要时会以极为简洁明了的方式进行计算。我们的关系非常亲密，我对他的整个家族都很钦佩。什洛莫的父亲恩斯特·亚历山大是位于斯科普斯山的希伯来大学创始人之一。很多著名的化学家都是他父亲的学生。我和什洛莫后来也学到了很多。在那个时代，什洛莫的妻子埃斯特尔的主要工作就是照顾三个孩子。她在15岁的时候是布达佩斯的一名拥护者。20世纪50年代，她与当时还是青年学生的政治活动家什洛莫相见。

1969年，他们来到耶路撒冷。在这里，什洛莫创立了他的凝聚态理论研究小组。我们会牢记他对吸附在石墨上的氦原子所做的研究工作，以及由此引发的无公度性问题。1976年，他来巴黎看我。我跟他说起了嵌入聚合物层的问题（我们称之为刷子），他强调了一些我们从没见过的标度律。后来，他提出了关于橡胶的基本理论（不太为人知），发现了一种新型的“标量”弹性，这成为了他研究随机系统力学行为的出发点。

在那个时代，我们对渗漏堆很感兴趣。记得有一次，像往常一样，我带着一个开放性问题来到以色列。这个问题就是：如果堆是超导体的话，会发生什么事呢？我研究了一些常见的情况，如循环现象等。但什洛莫认真对待这个问题，并讨论了低于渗透阈值时堆的磁性性质，并且阐明了像谢尔平斯基超导筛滤器这样规则分形的情况。

与此同时，孩子们长大了。埃斯特尔也回到了大学，在那里成为了一名著名的经济学家。什洛莫对此表示支持，并跟她合作，帮她将革命性的思想融入到方程之中。多年来，他们穿梭于以色列和加利福尼亚之间。在洛杉矶期间，什洛莫在“分形子”、电解质、准晶几个研究方向都获得了重大成果。更一般地说，那些年他成为了我们许多人的良师益友。我仍然记得他在颗粒介质的崩塌问题方面给我的建议。

几年前，为了向他致敬——向他和他的妻子致敬，我们在里雾诗小镇举行了一场特别的会议。我们还保留着他曾经演讲时的视频。他的演讲既深刻，又感人。我们将永远铭记他。

第三章　研　　究

合作现象中的偶然和必然

这篇引人入胜的文章是皮埃尔-吉勒·德热纳 1977 年为一本人文科学期刊《第欧根尼》第 100 期所写。他用所有人都能读懂的话语介绍了统计物理学的基础知识和这门学科的最新发展，如相关性、涨落、临界现象和不稳定性。之后又试图用严谨的方式把它们扩展到对动物和人类合作行为的描述中。这是典型的德热纳“风格”的一个典型样例，也就是既简单又深刻。

1. 合作的一般特点

1）磁铁和鱼

一条落单的鱼在海中漫无目的地游动，但如果我们把大量的同类鱼聚到一起，让相邻的个体之间可以交换信号，整个鱼群就会朝同一方向游动。这就是**合作**现象：众多个体之间存在强烈的相互作用，进而严重地影响到整体行为[1]。

物理学中有很多类似的现象。比如在铁晶体内部，我们发现每个原子都有一个小的微观指南针，也就是铁原子的“磁矩”。所有磁矩都耦合在一起，并指向同一方向（在温度不高的情况下），所以我们说金属具有**铁磁性**[2]。

早前，一些研究人员认为在非常不同的合作现象——不管是磁铁、鱼类还是人类社会（比如人们有时会突然转变态度）——之间存在着深刻的联系。这种类比很吸引人，但也很棘手。我们来看看这些现象之间的明显区别吧。

（a）物理或化学的基本对象（如单个磁铁）是相对简单的，且大家都对它们比较了解。当以有生命的活体作为基本对象时，为了用相同的术语来描述它们，需要进行有风险的**简化**。比如把人们对某事的态度用精心选出的定量参数来进行概述。

（b）自然科学中遇到的结构比社会科学中遇到的结构要更加基础，但它们可以成为**激活**实验的对象。在实验中，我们让自然系统经受各种微扰，并且从中得出对每种微扰的响应。丰富的实验可以弥补材料的（相对）不足。

（c）自然科学是一门相对古老的科学，其方法论已趋于稳定。自然科学研究者在构建**"最小"定量模型**方面进行过很多实践（提供了关于合作现象的相关方面）。相反，较为年轻的科学经历了相继或相反的阶段，包括定性理论阶段，以及如今由于计算机的出现导致的过度数学化阶段。

本文旨在介绍最简单的物理-化学合作现象研究中出现的一些基本概念，希望某些概念可以对解释社会现象提供借鉴。我们甚至可以走得更远一点，就是从不同的物理情景出发，建议对社会问题进行可能的转化。我们将从"外部"进行这种尝试，并且不参考社会学文献（笔者对其也不太了解）。再说，这些并不是新的学说，即使在物理科学中，下面描述的主要概念也经常被不同的研究人员在不同的例子中多次重新发现。

2）自由系统和受迫系统

某些物理装置可以确保所研究的系统在一个闭合环境内部（例如在某个温度**均匀**的盒子内）实现永久平衡。另一些装置会故意让系统保持失衡（比如包围在相对的两面处于不同温度的盒子里）。我们把第一种情况称为**自由**系统；在第二种情况下，情况正好相反，一些流量会穿过包围物（一股热流从热壁穿进冷壁），因此被称作**受迫**系统。两者之间的差异是根本的：自由系统根据相对简单的原理趋向平衡，只有不稳定的涨落才能打破这种平衡。

受迫系统的行为方式更加丰富。图 4 所示的例子很好地解释了受迫系统的可能性。水龙头不停地往桶里灌水，当桶不太满的时候，处于（a）状态，然后逐渐被填满。当水超过一定水位时（步骤（b）），桶就会翻倒、清空，然后回到（a）状态。这就是我们所说的"弛豫振荡"。这种无限重复的现象就是某些受迫系统的典型例子。

在这里，首先我们关注自由系统，并按照魏德利希[3]的说明，我们发现在社会学领域可能找到这些自由系统的不寻常的对应关系。然后我们讨论受迫系统，这在今天是相当重要的[4,5]。在所有社会经济学（或者生态学、生物学）现象中，当一股流量（能量或原材料）进入系统，同时另一股流量（热量或废料）离开系统时，就需要考虑受迫系统的特点。

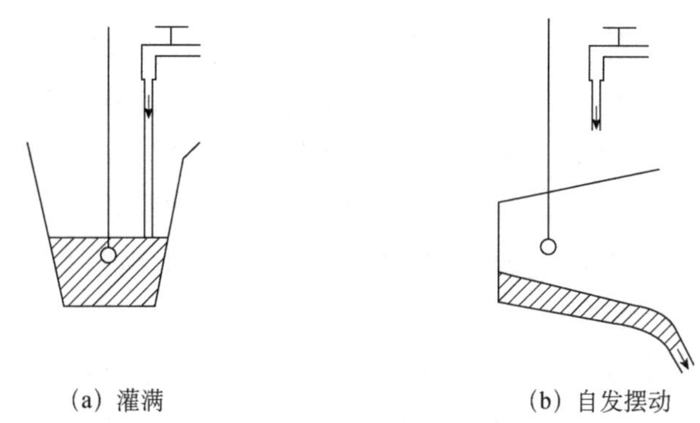

图 4 水龙头灌水的受迫运动

3）对称性和对称性破缺

通常，被观察系统的行为规则遵循一定的对称性。以鱼群为例：

(a) 在没有任何外界刺激的情况下，一只鱼的移动速度并不取决于它在水平面上的前进方向（不管是向北游还是向东游）。

(b) 鱼类之间的耦合也与整体运动方向无关。

因此，我们说鱼群具有一个对称群 G_0（这里是指围绕竖直轴的旋转对称群）。由此我们联想到了基本磁集合，比如铁中的基本磁集合。假设每个磁针都只有两个可能的指向：向上或向下。

(a) 在没有外界干扰的情况下，一个独立的磁针向上指和向下指的概率是一样的。

(b) 两个“向下指”的磁针的耦合能量与两个“向上指”的磁针的耦合能量相同。

这里还有一个描述上-下方向交换的对称群 G_0。基本观察结果如下：如果系统因为合作现象而变得有序，它会自发地选择一种**失去** G_0 对称的状态。鱼群也是如此：如果鱼群之间的耦合很弱，鱼就会沿任意方向随意游动，这样就符合旋转对称性。但如果耦合很强，鱼就会平行排列并选择一个共同的游动方向。如果我们对这种鱼群进行测试，比如通过倾斜声束的反射（声呐），就会发现一种各向异性行为，也就是说对称群 G_0 破缺了。

G_0 的破缺方式有两种：(i) 利用外场（比如在一个给定的方向，在鱼群附近放置食物）；(ii) 自发地：如果我们从给定的状态出发，然后把耦合突然加强（通过提高水的透明度，或者改变决定鱼类信号的某一属性），鱼群就会随机选择**一个**方向。更确切地说，它们会根据振动的加剧而选择游动方向：如果一开始有较多的鱼（相较平均数而言）向东北方向游动，整个鱼群也会游向东北方向。这里我们看到偶然和必然之间的重要联系：必须出现一种集体行为，但是这种行为的选择又是随机的。

当然，这个概念也同样适用于磁铁：在有序状态下，它们会变得平行，并且选择比如说向上指，此时上/下对称性就被打破了。

4）与居里原理的联系

大约一百年前，皮埃尔·居里提出了关于物理定律结构的普遍原理[7]："结果的对称性和原因的对称性相同。"这个原理非常重要，且基本上是正确的。但对称性自发破缺时，这个原理就不再有效了：对称性破缺时，会出现很多的最终状态，且它们出现的概率相等，系统会从中选择一种状态。只有当最终状态（定义"效果"）是唯一的时候，居里原理才有意义。

5）受迫系统中的对称性破缺

上述提到的磁针的例子对应自由系统。值得注意的是，在**"受迫"**系统中，自发的对称性破缺也很常见。因此，当我们从一薄层水下面加热时，会发现当超过某个阈值时，热水会因为相对密度较小而上升。由此而产生了不稳定性（瑞利-贝纳德不稳定性）。在这个开放系统（热流量穿过）中，出现了图5所示的对称性破缺。

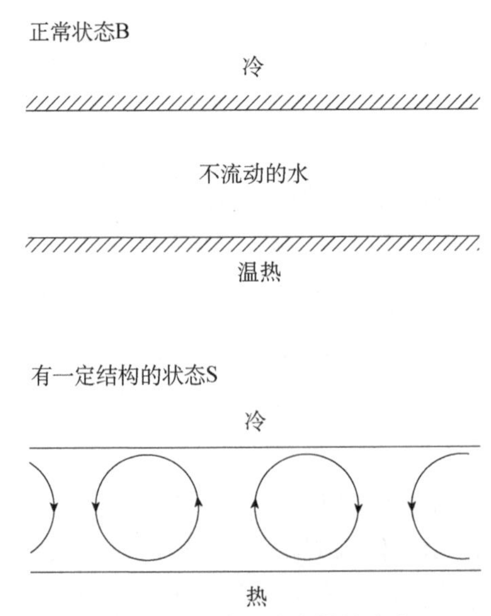

图5　贝纳德不稳定性的产生

低于一定阈值时，这片薄水层具有平移对称性：如果我们沿着水平轴移动，会发现各处的性质是相同的。超过一定的阈值后，这种对称性就被打破：出现了“对流卷”。

这里我们有了一个非常简单的“**受迫系统结构**”的例子。除了自然科学之外，在罗杰·凯洛瓦的一部著作里还发现了基本的定性描述[8]。伊利亚·普利高津早就对这一过程的重要性和普遍性（例如关于生命起源问题的正式讨论）作出高度评价。

6）离散对称性和连续对称性

用数学家的语言来说，对称群 G_0 可以有两种形式，即“离散”群和“连续”群。在我们不去深究这个定义的情况下，只需要注意它与对称性破缺后所具有的状态数目有关。磁体只有两种状态（向上指和向下指）。然而对于鱼群而言，它们的集体前进方向有无数个可能（可以在海中的任何方向游动）。第一种情况是离散的，而第二种情况是连续的。

两者几何上的差异可能非常明确：当涉及更复杂的情况时，比如**两个鱼群相遇**时，这种差异是至关重要的。在离散对称群 G_0 状态下，两个不同的状态域之间会出现一条明显的**界限**。在连续对称群 G_0 状态下，不会出现任何界限，但是两个状态域会逐渐畸变，有时会出现线奇异性或点奇异性[9]。

2. 平衡时的合作效应

一个封闭的物理系统逐渐趋于平衡，然后在平衡时会达到一个相当寻常的状态。但是，正如我们所见，如果平衡状态不是唯一的——而是系统在几个状态之间“犹豫徘徊”，那么一切都会不一样。现在来看看当我们改变一些控制参数时，这种犹豫徘徊会如何在临界点出现。

1）临界点的概念

高温下，铁晶体的基本磁针处于完全无序状态，没有什么特定的方向。相反，低于临界温度 T_c 时，磁针就会变得有序，大部分磁针都会指向同一方向。当然也有一些“逆流”。但随着温度降低，它们就会变得更加有序，如图 6 所示。

我们举另一个例子来体察其中所暗含的机制。这是我们根据幼儿的社会行为（在幼儿园中）所臆测和想象出来的。低于一定的临界年龄（约两岁半）时，孩子们就已经懂得了交换信号。他们会玩游戏，但是玩的游戏并不是共同商量好的那么一致。相反，超过一定的临界年龄后，大部分儿童倾向于玩同一个游戏。假设磁针的指向和儿童们玩游戏之间有一定的联系，我们可以从磁学系统的物理实验中得到什么启示呢？首先，它建议我们得到两个基本参数：（a）个体之间**耦合**的强度；（b）**个体易感性**，这是测量物体对外部信号的反应能力。（在磁体中，这个易感性，即磁化率会随着温度的升高而降低）。

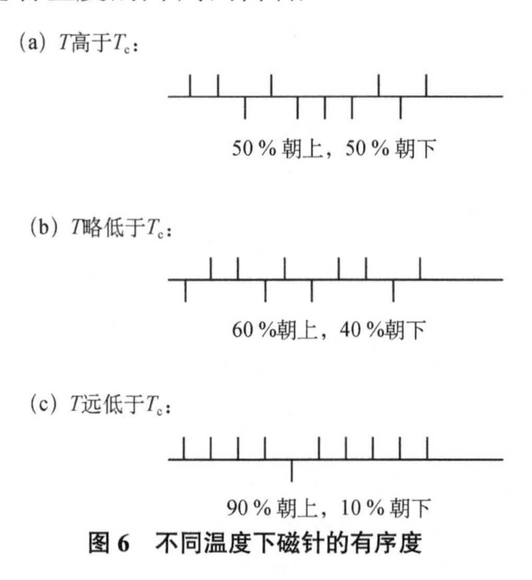

图 6　不同温度下磁针的有序度

当耦合乘以易感性所得的结果超过一定的阈值，也就是超过了临界值，就会变成合作行为。了解这些概念是否已经（或可能）应用于解释儿童的社会行为问题是非常有趣的。

2）响应函数[6]

我们已经介绍了**个体**易感性，另一个重要的量是**集体**易感性，它可以测量个体在整个系统受到共同的外部作用力时的响应，如“磁场”对小磁体的影响，播放音乐的喇叭对幼儿园小朋友们的影响。集体易感性有可能比个体易感性**大得多**。每个孩子不仅会接收到喇叭发出的声音，还会看到其他小朋友打拍子。

在临界点，集体易感性会变得无限大。支配这一反常现象的规律也是众所周知的。我们也有可能通过测量成长中的、略低于临界年龄的儿童的集体易感性来**预测接近临界点的行为**。集体易感性在所有统计系统的研究中都非常重要，它是响应函数这一更普遍概念的一个例子。稍后我们会看到其他例子。

3）自发涨落与响应函数[6]

让我们回到耦合磁体系统，并假设温度高于临界点 T_c。在这样的条件下，平均有 50%的磁体“向上指”，50%的磁体“向下指”。当然相对于这个平均值会有一些涨落。然后大量的封闭系统都遵循这样一个有用的定理，那就是**涨落强度与集体易感性成正比**。尤其是当接近临界点时，涨落变得太重要了。此时需要另一种方法来研究临界点附近的行为。

4）邻近系统

很多时候，我们能观察到合作现象的物理学系统都是**固体**。此时原子要么完美有序堆积（晶体），要么长程无序堆积（玻璃）。在这些条件下，出现了一系列与个体间相关性的空间范围有关的问题。过去十年来，统计力学最重要的发展主要就是针对这些问题的。从社会学角度看，我们刚才定义的这种情况，是指位置固定且仅与邻居（相邻个体）交换信息的个体集合，也就是我们说的**邻近系统**。在这一系统中，个体会受到**大众传媒**的影响。大众传媒的作用类似于影响磁体的外部磁场。相反，两个相距遥远个体之间没有直接二元相互作用。

这种限制与凝聚态物理学的正常实践相对应，并且这种情况在社会学中似乎更加严重。当今社会，个体之间的混合能够产生相当大的影响。这可能是真的，一个主体主要和数量有限的对话者相互影响，但这些对话者（比如工作中的同事）可能住得很远。城市中的空间关系比晶体中空间关系的限制要少。因此，我们很少关注邻近系统的空间属性，而只提出与之相关的两个基本概念：非局部响应函数和相关长度。

非局部响应函数是通过以下操作定义的：对处于 r 点的个体加入一个外部弱微扰，而其他个体不受任何外部微扰。由于个体（r）的状态改变影响到了它的邻居们，因此，邻居们的状态也发生改变，并且一方面反过来影响个体（r），另一方面影响了更远的邻居们。最后，我们甚至可以在很远的邻居，比如处于 r'位置的个体中测量出状态的改变。这种改变跟个体 r 受到的微扰强度成正比，这个比例系数定义为非局部易感性 χ（r，r'）。通常，当观测点 r'远离受微扰点 r 时，χ（r，r'）会减小，可以从图 7 中看出这种变化。大致上看①，超过一定的特征范围 ξ，也就是“**相关长度**”时，χ 函数就会小到可以忽略不计。

① 至少处于无序相时是这样的；在有序相，如果对称群 G_0 是连续的，就会出现缓慢的下降（德热纳注）。

在非常无序的情况下，相关长度会很小（与相邻个体之间的距离相比）。当温度接近临界点时，ξ 长度会显著增加，并且在 $T=T_c$ 时，ξ 趋近无限大。人们花了五十年的时间才完全理解了决定这个发散的数学规律，但现在这种情况已经得到很好的控制。

注：在上述的讨论中，我们假设相邻个体之间确实存在耦合。当邻居之间的某些联系被**切断**时，或者当交流急速减少时，就会出现我们所说的**渗漏现象**。对这一现象，我建议读者们去阅读另一篇说明性的文章——文献[10]。

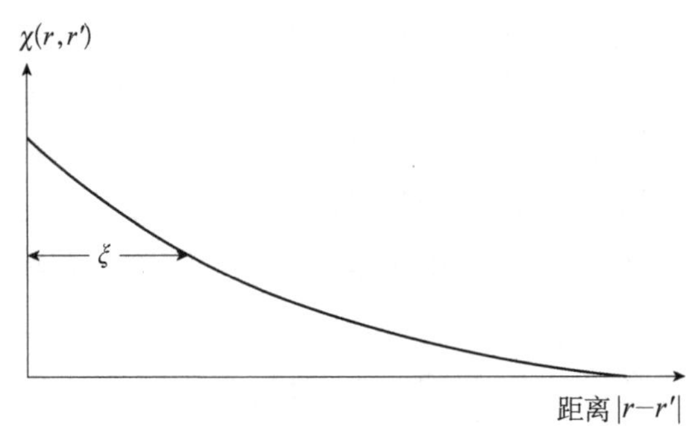

图 7　非局部易感性 χ 与离开受微扰点距离之间的变化关系

3. 时间演变图

1）平衡邻域的弱微扰

我们所观察到的系统（或人群）几乎总是受到外部作用。如鱼群受到的不同刺激（定向照明、温度梯度、盐度梯度等）。到目前为止，我们只提到了它们对持续性弱刺激的反应。在这种刺激下，系统最终还是会实现内部的平衡。此时会出现两个广义轴：（a）随时间而变的弱刺激情况；（b）强干扰并由此产生的不稳定性情况。

这里我们很快地说一下（a）情况。"延迟响应函数"的概念是分析这些情况的基本工具：我们在 t_1 时刻施加一个微扰（在很短时间内），然后对稍后出现的 t_2 时刻的响应进行测量，由此得到的响应函数 X（t_1, t_2）给出了关于系统内部动力学的宝贵信息。举例说明一下，那就是当接近临界点时，响应会变得很缓慢。

2）两类不稳定性

所有常见的系统都可能变得不稳定：（i）如果我们对封闭的耦合磁体系统施加一个与其选定的取向相反的场，它就会变得不稳定；（ii）被强流量穿过的开放系统通常也是不稳定的：正如图 5 所示的从下方加热的水薄层，我们可以看到它如何从寻常状态 B 变成有结构的状态 S。

我们知道有两大类不稳定性：

● **涨落**不稳定性：相对 B 状态哪怕是非常小的偏离，都会随着时间的推移而不可避免地变大，并且使 B 系统演变成 S（水薄层就是这种情况）；

● **成核**不稳定性：B 系统在遇到所有小幅涨落时仍保持稳定，但遇到某些振幅很大的涨落时会变得不稳定。

我们将用一些具体例子为这些严谨的概念作出说明。

3）两种涨落不稳定性：激光和时尚的变化无常

激光器是一个腔体，我们可以通过辅助设备在其中发现光粒子（光子）P 以及受激原子（A*）。主要过程如下：抵达受激原子 A*处的光子 P 可以使其去激励（A*→A），并形成第二个光子 P'。

$$P+A^* \longrightarrow P+P'+A$$

这种机理（过去爱因斯坦曾预测过）就形成了我们所说的**受激发射**。它会导致涨落不稳定性：受激发射会增加光子的数量，更何况这个数量已经很多了。当然，这一过程要产生一些损耗（光子的吸收）：只有受激原子 A*数量足够多，才会产生不稳定性。这样的话，光子数目的涨落会放大。不同可能类型的光子之间也要进行竞争：放大最好的“类型”获胜，并在激光腔中产生一种非常纯净的辐射（称为“相干”辐射）。

从受激发射到激光的研究花费了很长的时间。但现在，这种类型的合作不稳定性在非常多的科学分支中出现。对一位不惧怕自然科学形式主义的读者来说，哈肯①的著作[11]可以为他提供很大的帮助。因此，受到随机变化和达尔文选择压力影响的活物种（如病毒）的进化过程由类似激光[12]的方程所决定。

在此，我们举一个略有不同的例子，也就是**时尚**（英语叫作**一时流行的狂热**）的变幻无常。一个新的时尚以一种出人意料的方式突然出现，这确实是一种合作不稳定性，涉及由媒体耦合的多个系统（消费者、生产者等）。我们在此选取一个只表示基本现象的相对简单的例子，我称之为**芬达姬不稳定性。**在一个刮风的日子里，芬达姬女士在公园里仔细打

① 译者注：哈肯（1927— ），德国物理学家，协同学的创始人，1960 年起任斯图加特大学理论物理学教授。主要从事激光理论和相变研究。

理自己的长发，用缎带在头发上随意地打了个结。第二天，宫廷里所有的优雅女子都纷纷模仿她。但这种时尚或许会因国王的喜好而有所变化。尽管如此，我还是坚持举这个例子，因为从这件事可以看出，时尚的出现不会因商品的存货量（缎带并不罕见）、生产问题、价格问题而变得复杂化。

时尚是通过以下过程产生的：我们从一个处于稳定状态的集体开始，这个集体一直接受并采用一定种类的发型。此时突然出现了一种统计学上的涨落，也就是一个主体（芬达姬）处于异常状态。这个“异常”P 遇到了一个观众 A*，而这个观众对这种异常感到很惊讶，并被它吸引，只需很短的时间（回去照镜子的工夫），观众就变成了演员，并且也变成了 P 状态：

$$P+A^* \longrightarrow P+P$$

这种情况仍在继续。每个新出现的 P 都在产生新的演员。这就跟受激发射有着惊人的相似。当然，这里也有抵制这种不稳定性的耗散机制（如贵妇人们的尖酸评论会让一些谨慎小心的年轻女性望而却步）。但是如果最初的状态是恰当的，如果此时宫廷里有一定的**精神自由**（类似于激光腔中受激原子的数量），那么不稳定性就会出现。

关于进一步的发展，涉及的不同时间范围、生产方式和媒体的作用以及这些不同子系统的耦合演变，还有很多话要说。但有一个问题是特别开放的：我们是否跟激光一样，拥有许多的最终时尚状态？这些时尚的增长速度不同，因此系统必然会选择增长速度最快的那个？还是说我们有众多可能的最终状态，其最初的增长率几乎是相同的呢？

如果是第二种情况，则需要有**第二种合作效应**来理解为什么只有一种时尚会被选择（最常见）。第二种合作效应可能具有社会心理学性质（同类型的“异常”相互鼓励产生的效应）或经济学性质（针对同一时尚趋势启动生产手段）：研究的角度实在太多了。

4）成核现象和选举态度

为了说明成核效应，首先我们回到耦合磁体的集合（低于临界点时）这个话题，并假设它们的取向都是“向下指”。（我们在这里明确选择具有**离散**群 G_0 的**邻近**系统。）假设此时有一个外场施加在磁体上，它倾向于使磁体取向“向上指”。初始状态就变得不稳定。但是转变是如何发生的呢？

系统最初会产生一个“晶核”，也就是说一组邻近的磁体确定一个取向（向上指）。系统的自发涨落（总是出现）确实会产生这种晶核，但结果并不确定：如果晶核太小，周围磁体的影响通常会迫使它变回原样。为了克服周围磁体的影响而长大，晶核必须达到一定的临界尺寸。然而能产生这样尺寸的晶核的涨落是很罕见的。

总的来说，如果外界的场比较弱，那么一个有效晶核的孕育时间就比较长：相应的定量规律是众所周知的[13]。但有一个复杂情况：晶核的形成对于局部异质性非常敏感，也就是对远离平均特性的微小局域非常敏感。成核过程就是**揭露了初始结构中的缺陷**。

另一个要注意的地方是我们刚才提到的成核，它只存在于破缺对称群 G_0 是**离散**的系统里。对于具有连续对称群 G_0 的系统，由于晶核与周围环境之间不再有明显的壁垒，所以这种系统具有更有效的方式来传播不稳定性。为了让这些定理更加通俗易懂，我们以选民选举为例。

（a）总统选举时，有“两名”候选人 X 和 Y。每个选民有三种选择（投 X，投 Y，或者弃权）：G_0 是离散的。如果最初大多数选民们达成一致（通过互相动员），支持候选人 X。而媒体为候选人 Y 做宣传，那么就会出现成核现象。如果系统是邻近的，刚才提到的成核过程就会发生，大多数选民会转而支持候选人 Y。

（b）反过来，如果多名候选人参加竞选，选民们意见广泛且有多种选择。那么对称群 G_0 就是连续的。如果此时媒体发起一场“反潮流”的宣传（与选民们最初的合作意向相比），同时涉及很大一部分选民，我们将遇到涨落的不稳定性——而不是成核。

5）在不稳定性之外

我们在这里设想有一个开放系统，该系统承受着越来越强大的流量：比如从下方加热的水薄层。在这种特殊的情况下，加热过程中发生的事件序列是难以置信的复杂——我们离理解还很远。尽管如此，我们还是可以对（不断增加的流量的）流体状态进行明确的分类：

（a）第一个不稳定性出现前的寻常稳定状态；

（b）第一个不稳定性出现后的有一定结构的稳定状态（见图 5 的流线圈）；

（c）随着时间的推移，出现振荡现象（见图 4）；

（d）“混沌”：系统随着时间的推移而不断变化，没有任何周期

性可言。

对于流动的液体而言，这种混沌就是我们所说的**湍流**：例如，在桥墩后面出现的奇怪的、不可预知的扰动。目前，我们还是没有搞懂湍流的原理，但可以举出关于混沌现象更简单的例子。

最令人印象深刻的例子可能是基础经济学著作中提出的**年产量**。假设农民在年份 n 种植的法国百合的产量是 Q_n。当决定 n 年的生产量时，最重要的参考信息就是上一年（$n-1$ 年）的盈利和亏损情况。这个盈利情况本身尤其取决于产量 Q_{n-1}。总之，关于产量调整的最原始模型就是假设 Q_n 只取决于 Q_{n-1}。

当 Q_{n-1} 的数值较小时，$Q_n=\alpha Q_{n-1}$。但当 Q_{n-1} 数值较大时，价格会下降，生产者应对措施是少付出努力。因此这个曲线会下降（图 8）。

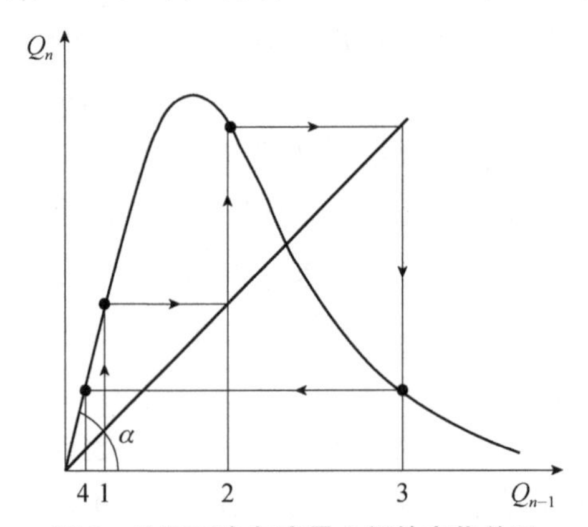

图 8　法国百合年产量之间的变化关系

有趣的是，这个存在多年的模型直到最近才被人们弄懂（归功于普林斯顿大学的种群生物学研究[14]）。初始斜率 α 的值不同，会出现不同的情况。

（a）当 $\alpha<1$，产量减少并趋于 0；

（b）当 α 略高于 1，Q_n 的数值趋于固定：生产状态较为平稳；

（c）当 α 较大，系统会出现**振荡**（根据 α 值，或许每年、或许每两年出现）；

（d）最后，当 α 非常大时，会出现混沌：Q_n 的数值每年都在发生明显**无规律**的变化。整整一代经济学家都没能将其弄懂。

这四种状态（a，b，c，d）要么通过（Q_n，Q_{n-1}）曲线的图形结构，要么用袖珍计算机获得。利用袖珍计算机，我们可以计算 Q_n 的序列。然而混沌行为是非常惊人的：对已完成的 Q_n 序列进行观察的研究人员很难再找到它们的形成规律。

4. 最后要注意的点

我们在此建立了一个“目录”：它是物理学家和化学家为研究合作现象而建立的基本工具。就像任何准备给广大读者的目录一样，目录中的每篇文章都不是根据技术说明书来描述的，而是用一篇简短的文本来建议使用范围。现有的技术说明书和我们给出的参考书目都可以在目录中找到。不过，有两个困难困扰人们：一是会减缓读者的阅读速度，二是会导致读者走得太远。一方面，这些“技术说明书”非常复杂：科学文献是根据用户在大约八年的时间才能学会的一种语言编写的，并且目前还没有针对这种语言的快速培训。如何克服这个障碍？另一方面，人们对科学工具有一种盲目崇拜：在很多正在发展的科学中，我们已经看到这种对特定方法或形式主义的崇拜。物理科学也不能幸免[15]。当为研究人员提供额外的工具时，就存在过度使用或教条式使用的真正危险。如何避免这种类型的合作效应呢？

我认为这两个问题的解决方法并没有包含在“简化的技术说明书”的编撰中。一位作者编写的任何重点著作都不能阻止读者们偏离方向。只有通过建立“混合工作小组”，在小组里，把不同科学文化融合在一起并参与共同创造，这些问题才能取得实质性的进展。在克拉皮施先生和波米安先生的推动下，一项关于科学史研究的这种活动现在开始了。希望它能够成功，也希望有不同目标的其他群组会自发地出现——以一种不稳定性的方式出现，我们希望在它出现的时间内能弄懂它。“站起来，让暴风雨到来吧……”

参考文献

[1] E. Callen et D. Shapiro，*Physics Today*，juillet 1974，p. 23.

[2] N. Boccara，*La Physique des transitions de phase*，PUF，《Que sais-je？》，1970.

[3] W. Weidlich，《Dynamics of interacting social groups》，*in* H. Haken（éd.），*Progress in Synergetics*，North Holland，1974；*Brit. J. Math. Stat. Psychol.*，1971，E4，251.

[4] I. Prigogine，P. Glansdorff，*Thermodynamic Theory of Structure，Stability and Fluctuations*，Wiley，1971.

[5] Pour les aspects systémiques généraux，voir J. de Rosnay，*Le Macroscope*，Seuil，1975.

[6] Par exemple：N. Boccara，*Symétries brisées et transitions de phase*，Hermann，1975.

[7] P. Curie，*Journal de physique*，septembre 1894，p. 393.

[8] R. Caillois，*La Dissymétrie*，Gallimard，1973.

[9] M. Kleman，*Points，lignes，parois*，Éditions de Physique，1977.

[10] P.-G. de Gennes，*La Recherche*，1976，1，919.

[11] H. Haken，*Introduction to Synergetics*，Springer，1976.

[12] M. Eigen，*Quarterly Reviews of Biophysics*，1971，4，149.

[13] A. Zettlemayer（éd.），*Nucleation*，Marcel Dekker，1969.

[14] R. M. May，*J. Theor. Biol.*，1975，49，p. 511.

[15] P.-G. de Gennes，*Leçon inaugurale*，Collège de France，1971.

气泡、泡沫及其他易碎物

本文是 1990 年 1 月 13 日，皮埃尔-吉勒·德热纳在巴黎发现宫发表演讲的录音稿。获得诺贝尔奖后，德热纳在很多高中做各种讲座。如果主题是“广大公众”，那么那些年他本人就致力于这一主题。这篇文章也体现了德热纳在对待人们所谓的科普方面所持的风格。他用简单而深刻的方式来阐述有时是很复杂的现象。

今天，我要跟大家讨论一个较为古老的课题，此外，看看这篇演讲会起到怎样的效果。虽然这个课题是古老的，但它同样也是现时的，因为很多工业过程都依赖于我们对洗涤剂及其实际效果的了解。我试图要向你们介绍几个简单的原理，关于什么是肥皂膜，关于洗涤剂如何发挥作用。这些课题引发了一些具体而微妙的问题，比如：如何洗涤衣物？我先举几个例子，其中一些奇妙的例子就在发现宫这里，在关于极小表面的展览中被展出。某些肥皂泡是非常简单的，而且容易控制，向我们展示了着色效果——这种效果既不会给肥皂泡带来紊乱，也不会导致肥皂泡的扰动。另一方面，我们看到在其他情况下，比如洗手时产生的肥皂泡会剧烈运动，这是一个在现在和未来都非常重要的研究课题。

图 9 《吹肥皂泡的少年》，让·巴蒂斯·西美翁·夏尔丹（1699—1779），大都会艺术博物馆，纽约

首先我们要问为什么这些肥皂泡有如此美丽的颜色呢？对这个问题感兴趣的人就是艾萨克·牛顿（1642—1727）。回顾一下他的生平：13岁时，他在家庭农场制造了小型水力机；16 岁时，他到剑桥大学读书；18 岁时，他发明了望远镜，这是那个时代光学仪器大革命中最好的仪器。他在研究棱镜的性质的同时，也投身研究我们所关注的问题。与此同时，他发明了微积分！后来，他对这些方面失去了兴趣，转而花了 15 年的时间研究炼金术，但是几乎没有生产，也没有实际结果。不过，他掌握了大量的化学知识，并且习惯进行精密的实验操作，这些知识和技能帮助他在一个非常不同的领域进行研究。事实上，用现代的话来说，他是一个“极端主义的新教徒”，并且由于政治转向，行政部门站在他这边，牛顿被任命为国会议员和皇家铸币厂的厂长。在这个领域，他在化学方面的专业知识使他能够大大减少熔化炉炼币过程中各种渎职的行为给英国王室造成的损失。

这就是活力四射的牛顿。年轻的时候，他就对气泡的薄膜进行观察，发现它们是彩虹色的。这后来成为了解释光是由波的形式传播的重要论据之一。图 10 试图总结的想法是入射到薄膜的光束 L 会在薄膜的前面和后面分别形成反射光束 R_1 和 $R_2$①。空气相对于薄膜而言是“几乎是空的”介质，这一事实会使得反射光束 R_1 和 R_2 倾向于使它们有相反的效

① 译者注：可能读者会认为图 10 中的入射光线进入到薄膜中，应该折射。那么德热纳为何没有画出折射光线呢？这是因为肥皂泡薄膜的厚度很小，从几十纳米到一千纳米不等。当薄膜厚度比波长小很多时，折射可以忽略。

应。如果这两束光的路径差 ABC 很小，那末 R_1 和 R_2 的贡献相反，并且相互抵消。换句话说，如果薄膜太薄的话，就会是**黑色的。**

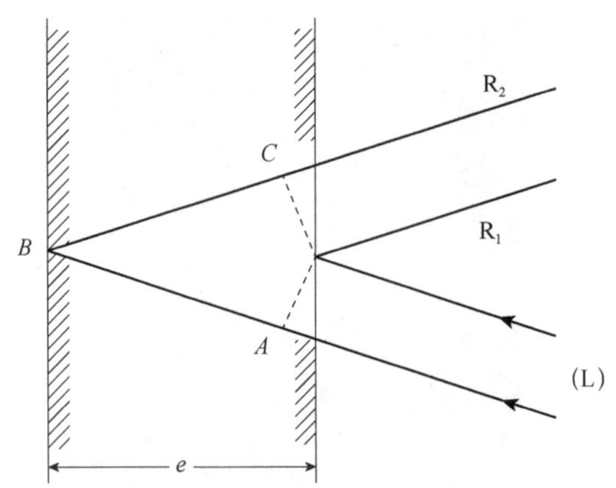

图 10　厚度为 e 的肥皂薄膜两侧反射的光束 R_1 和 R_2 之间的干涉使得薄膜有了颜色

另一方面，如果薄膜的厚度与光波长相当，即一微米的几分之一，那么某些波长的光在反射时会变强，另一些波长的光则会变弱，因此气泡有了颜色。ABC 的长度取决于薄膜的厚度 e，同时也取决于 L 光束的入射角度。所以当我们从不同角度观察时，薄膜的颜色会改变。有时候，为了描述这个美妙的现象，我们会说薄膜是**彩虹色的。**

我们刚才讨论了薄膜颜色的来源，如今这似乎是有点平常的事情，但它是光波理论的深刻基础之一。现在，我想采用一点牛顿的方式，从物理学角度转向化学角度来讨论这个问题。我们知道，纯净水不易形成稳定的泡泡，因此必须加入一些肥皂或者商用洗涤剂才行。了解一点肥皂的神奇能力是一件很有意思的事。

在此我要介绍的第一个概念是**表面张力**。通常认为，液体表面的分子没有液体内部的分子“快乐”。的确，液体内部的分子可以看到周围的分子“朋友们”，而液体表面的分子周围只有一半的分子是它们的朋友，另一半分子对它们很冷淡。这样导致的结果就是液体想要减小自己的表面。在很多几何结构中，表面是无法减小的：倒在碗（见图 11（A））里的液体，总是呈现出一个平坦的外表面。如果我们想象在液体表面切出一个圆，“被切开”的内侧所有的液体都会拉紧，以减小其表面积。然而外侧的液体也向反方向拉紧：总的来说不会出现什么明显的现象。

也有另外一些特殊的几何结构，液体在其中可以减小自己的表面。

我们以毛笔（图 11（B），（C），（D））为例。毛笔上的毛在干燥时（图 11（B））是彼此分开，根根分明的，然而毛笔蘸湿后（图 11（C）），毛却会聚在一起。如果我只考虑毛笔的两根毛（图 11（D）），它们之间可以形成一层小小的水膜，水膜边缘由于表面张力而互相吸引。这里的诀窍在于笔毛形成了**柔韧**的边缘，因此表面张力的影响是可见的。同样，当我们的头发被浸湿时，也会突然有完全不同的织构。

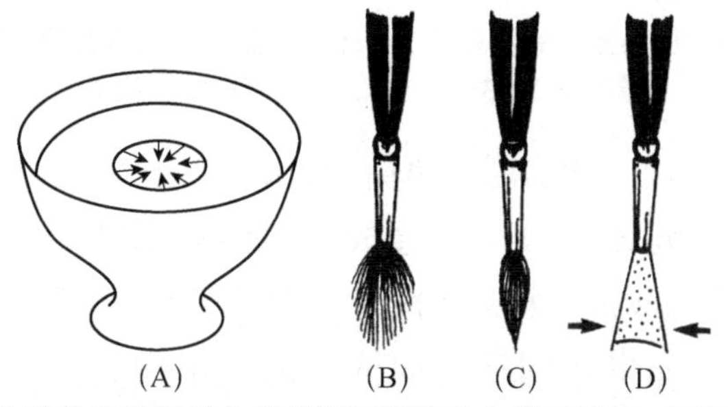

图 11 （A）液体在碗里的水平状态不遵循极小曲面原理，只受重力影响；（B）干毛笔；（C）湿毛笔；（D）两根笔毛之间的毛细效应

18 世纪末～19 世纪初，人们开始理解表面张力效应。那个时代，两个伟人的名字特别值得我们铭记，他们一个是法国人，一个是英国人。这个法国人是众所周知的拉普拉斯；而英国人是托马斯·杨。杨具有非凡的才智，他因在光学实验（杨氏“小孔”）、弹性（杨氏“模量”）和毛细物理方面取得的成就而闻名，他在上述领域里提出了很多绝对是奠基性的思想。拉普拉斯和杨是竞争关系。此外，还记得那是在 1805 年左右，在布洛涅战场，那时英法之间的关系比较紧张。再者，由于那个时代通信速度较慢，导致了激烈的论战发生。总的来说，还是拉普拉斯获胜了……因为附庸风雅的原因，他采用了当时理论物理中优雅的新形式，也就是微分几何。而杨继承了希腊的文化，也就是几何学。在 1805 年，拥有拉普拉斯的理论武器是非常时髦的，或许也是更有效的，但依我看来，拉普拉斯的名字被引用的次数经常略多于它应有的次数。

现在让我们来看看肥皂分子的特点吧。还应该注意的是，由于如今肥皂已经变成了多种类型的产品，肥皂这个词就有点过时了。该分子的组成象征着我们称之为强迫婚姻的东西。事实上，它们是由性质完全不同的两部分组成：一半喜欢水，因此被认为是亲水的；而另一半不喜欢水，所以是疏水的（见图 12）。

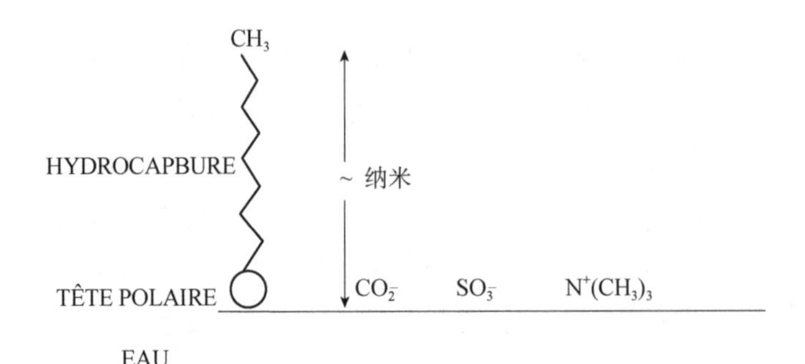

图 12　水面上肥皂分子的示意图。分子的长度以及所得到的单分子薄膜的厚度是 2～3nm（取决于碳氢链的长度）

从化学角度来看，什么是典型的亲水性？它们是所有接受电离的东西，如酸函数或四元铵函数，这会成为“强迫婚姻”组成的夫妻中的一员。而什么是疏水性呢？最典型的例子就是碳链—CH_2—CH_2—（其中一端有 CH_3 基团）。如果我们把前面提到的疏水性和亲水性的两部分如图 12 所示聚集到一起，就会得到所谓的强迫婚姻，也就是说一个分子内的两个搭档拥有完全不同的亲和性。

如果将这种分子溶解在水中，只有分子的头部可以满足自身的条件，而其脂肪族的尾部却不行。对分子而言，解决这个两难困境的方法就是占据溶液的表面。分子的头部与水的表面接触，形成了一层像地毯一样的覆盖物。这层覆盖物在某种程度上会将分子的尾部与水分隔开。即便用最原始的肥皂，通常都是脂肪酸的衍生物，也可以实现该过程。肥皂分子停留在空间层面上是最好的：肥皂层的厚度就是分子的大小，也就是大约几纳米。显然，图 12 中所示的尺寸比气泡膜的尺寸要小得多，气泡膜的厚度为微米量级，是分子长度的一千或一万倍。

为了形成这个膜，我们在液体表面放入了一点肥皂，我们也称之为表面活性剂或洗涤剂。实验表明，溶液的表面张力会明显降低，通常是两倍，这是因为机械张力的平衡是不同的。当然，水分子总是试图减少液体的表面积，所以总是有一种跟水的表面张力类似的张力 γ_0（如图 13（a））施加在底部平面上。但是，一个新的现象出现了。那就是，液体表面的脂肪链不希望变得太拥挤：它们互相排斥，因此在反方向产生了一个机械张力，我们称之为“表面压力”。朗缪尔是第一个通过精巧的装置测量出这个压力 π 的人。在含有表面活性剂的水域表面放置一个小环[①]，用小纸板作为屏障将其与纯水分离。在一侧，水用所有的力 γ_0 拉这个屏障，而另一边的拉力仅为 $\gamma_{0-\pi}$。通过测量屏障所受的总的作用力，就可以推算出 π 的值。

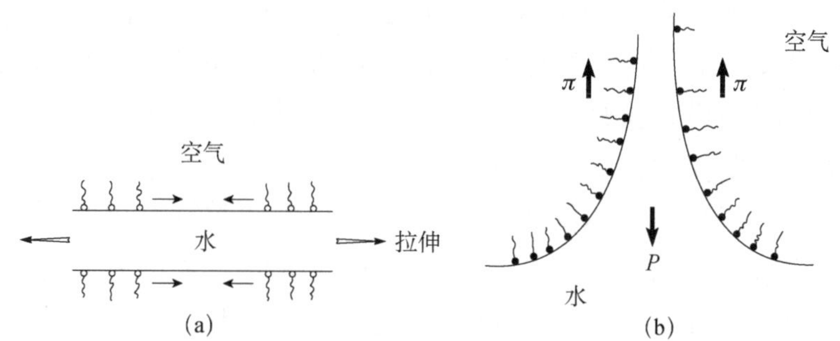

图 13 （a）水的表面张力与表面活性剂膜的压力之间的竞争效应；（b）当向上拉动薄膜时，表面活性分子的浓度从下向上的变化产生了一个力，该力与薄膜的重量 P 和薄膜的排水方向相反

重要的一点就是表面活性剂会**降低**表面张力，这种现象在浓度很低的液体中会更加奇妙。在发现宫中展出的泡沫实验里，我们不需要加入太多的洗涤剂。因为水中“不快乐”的表面活性剂分子会集中在表面上。液体表面的活性物质数量非常少。比如在彩色肥皂泡膜中，每一千个水分子大约有一个肥皂分子。这些表面活性剂分子控制着我们的厨房、洗碗机和工厂中的很多现象。所有这些操作都是在水中、在“温和”的条件下进行的，即在接近环境温度和压力条件下进行的。有趣的是，人们每年要消费多少表面活性剂？全世界每年大约消耗 600 万吨，每人每年大约使用 1 公斤表面活性剂。当然，各国之间存在明显的差异。大部分的表面活性剂并不像我们所认为的，用在个人生活中，而是用于工业生产过程中。例如，矿石的分离通常就需要**通过**使用表面活性剂来进行，尤其是分离那些稀有矿石，需要采用消耗大量表面活性剂的**浮选法**。

有了表面活性剂的概念，我们还想知道为什么这些分子可以帮助我们形成一些膜。这个问题困扰了人们很久，尤其困扰着一个对肥皂膜问题很着迷的科学家，这个人同时也是纯理论家，他就是约西亚·威拉德·吉布斯，19 世纪末美国物理学界第一个伟大的理论家，也是某统计物理学的创始人。吉布斯用了很多年来观察肥皂膜，还似乎做了一些实验，这打破了他的习惯。另外，他还创立了表面热力学。

① 译者注：这个小环是一个张力计。

如今，我们如何理解表面活性剂有利于膜的形成呢？好吧，这里似乎有两种效应。(我非常谨慎地说这句话，因为这门科学仍处于不断变化的状态，其科学概念发展得很快。)

（1）第一种效应可能是这样，把浸没在表面活性剂液体中的铁框架提起来(可以在发现宫看到这种实验)，由此可以形成一层或多层膜。让我们用一层膜来进行推理（见图 13（b））。很明显，这层膜在其自身重量的影响下想要掉下去。是什么让它保持在空中？如果在纯水中进行实验，就没有任何东西可以支撑这层膜。但我们此时拥有表面活性剂，它集中在水的水平表面上。当我们把框架拉出来时，大部分肥皂分子来不及跟水膜一起上升，只有少部分分子随着水膜上升，留在了这个罕见的区域(或者说“被稀释”)。在水膜的“平坦”处，有一个很强的朗缪尔压力。因此，表面活性剂会施加一个向上的力，这个力使得液体保持在空中。

这是**新生**膜稳定性的根源（但我仍然和一些专家就这个课题进行讨论)。大致上，我们可以计算出这种效应允许膜在地面条件下能够达到的最大高度，也就是说在我们所知的重力下，大概能达到 10cm 到 1m 的高度。这大概是大家在马戏表演中看到的尺寸，或是儿童用一个小的商用工具做出的成人大小的泡泡的尺寸。这就是第一种效应。表面活性剂支撑住膜的重量，形成了我们所说可能的新生膜，也就是刚刚被拉出来的一种膜。

（2）第二个效应的思想要追溯到吉布斯。他对这些膜如何抵抗老化非常感兴趣。考虑到水平放置的膜不再对重力敏感，我们假设这层膜是可拉伸的(总是沿水平方向)，当你像夏尔丹的名画（图 9）那样，用吸管给泡泡充气时，就可以做到这一点。你猜想如果小心操作的话，这层膜可能会很均匀。但若是如图 13（a）所示，泡泡表面的中间部分突然变大，而两边却变小的话，会发生什么呢？所以，表面活性剂留在后面，就能帮助我们。如果中间部分的压力较小，肥皂分子就会向中间移动，并倾向于将发生突变的泡泡的表面覆盖住，从而使其恢复均匀性。这就是“自我修复”。

既然我已经谈过了新生膜以及一些已经成熟的膜，现在我们来谈谈膜的老化问题吧。两个观察很重要：一方面，膜中出现了黑色区域；另一方面，我们发现了扰动。图 14 显示了这些黑色区域，它们既出现在支撑着膜的框架顶部，又出现在边缘附近。用牛顿的话来解释，这些黑色区域暗示着这层膜很薄，其厚度为 10～30nm 量级。

图 14 拉伸的竖直膜。从这张膜上我们可以看到其上部的黑色部分以及下面较厚的彩色部分之间的边界线；另外，上升的黑色“气泡”导致膜边缘附近产生不规则运动（承蒙 K. 迈赛尔斯提供照片）

考虑到运动，仅凭一张照片无法达到惊人的效果。特别地，在现实中黑色圆点和细丝实际上以完全“不规则”的方式移动。或者用力学专家的话来说，以“湍流”的方式移动。这些异常动荡的运动是我们观察这些膜时看到的最美的一面。我们将试着去了解这些斑点和这种扰动形成的原因。

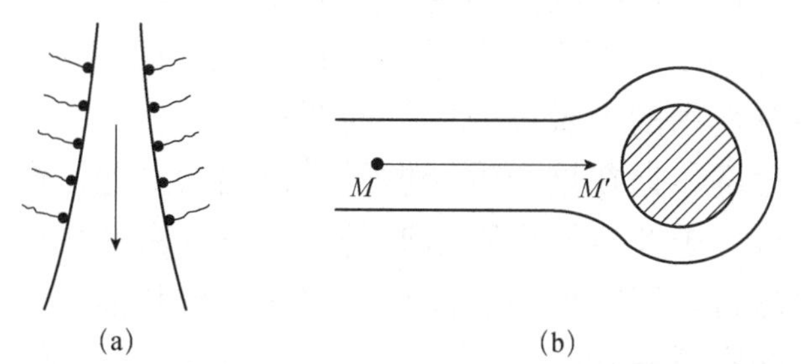

图 15 两种原因导致膜的老化：（a）由于排水；（b）由于分子向边缘的凸起部分运动

当气泡具有竖直表面的时候，我们看到水的重量和表面活性剂所施加的力之间存在相互作用（见图 13（b））。诚然，水的表面总体上是平衡的，但相互对抗的力并不完全施加在同一位置。表面活性剂将力施加

到外表面，而重力施加在内部的任何地方。这种情况可能就相当于家庭主妇在塑料容器中加入水或牛奶。如果容器没有底部，液体就会流出来。薄膜就像一些只有几微米厚（或者更薄）的超薄塑料袋，这一点恰恰拯救了我们的薄膜：在一定力的作用下，当管道较细时，水的流速比管道较粗时要慢一些。我们很了解这个现象：如果我们家里的管道被石灰堵住了，城市里的水压会让我们的水龙头没办法大量出水。同样受到这个现象的影响，气泡的排水速度非常缓慢。事实上，在理想状态下，大概需要一天的时间才能把水从这种膜中排出来。这就导致了膜的老化，或者使膜变薄。从这一点可以看出，彩色的膜有变黑的趋势是正常的。

另一种类型的老化发生在分子层面上。想象一下图 15（b）所示的水平膜，没有受到先前效果的影响。可以看到左边是一层薄膜，右边是一个较厚的液体区域。我们把边框附近这样的凸起称为“普拉托区”，因为约瑟夫·普拉托[①]第一个对这种现象做了描述。请记住，处于液体状态的分子喜欢被同伴们包围。它们不仅喜欢被周围邻近的同伴包围，也喜欢被远处的同伴包围。用一种夸张的语言来说，分子之间的“相互作用”仅会因距离的增加而相当缓慢地减小。因此，位于膜左侧区域的分子非常伤心：它受益于与近处的邻居有良好的相互作用，但是能够感觉到远距离，即膜的上下区域，它意识到在那里没有任何它的好朋友。相反地，它那些住在较厚区域，也就是图片的右边的邻居们，在各个方向都有很多友好的朋友。因此，这些分子更加快乐。这一切都发生在流体中，在这里分子可以产生运动。所以 M 处的分子想到 M'位置去。换句话说，在这种结构里，在较薄的区域膜会变得更薄，在较厚的区域变得更厚。这就对图 14 作了解释。膜的顶部由于重力而变薄，它的侧面也因为这种分子相互作用的“长程效应”而变薄。

卡罗尔·迈赛尔斯在这个领域做了最杰出的实验，他也是我在此引用的图片的作者。卡罗尔·迈赛尔斯是一名波兰裔的物理学家，他在日内瓦接受法语教育，现在他是美国籍，居住在加利福尼亚。他针对这些膜创造了非凡的定量科学。

顺便说一下，为了保持良好的条件，整个过程应该在潮湿环境中进行。马戏表演和儿童吹泡泡的行为都有一个大问题，那就是空气太过干

① 译者注：约瑟夫·普拉托（1801－1883），比利时物理学家。他首先发现了快速运动物体的视觉暂留现象。

燥。这里涉及一个我之前没有提到的老化形式，也就是膜的蒸发，因为这种形式人们司空见惯。

因此，通过观察膜的颜色（即“干涉条纹”），可以在不同时间和位置精确地确定薄膜的各种性质。我们同样可以清楚地看到上升的黑色区域，这正是我们即将讨论的地方。正如早前提到的，黑色膜是牛顿为之痴迷的研究对象。在技术性的文献中，我们经常称之为“牛顿膜”。我们曾认为牛顿是第一个观察到这种膜的人，但这种说法是错误的。D.泰伯教授告知我一个古老得多的参考例子。在大约公元前 1800 年，古巴比伦的刻录文字中，描述了亚述人[①]生活中一种重要的占卜方法，如今我们称之为莱卡诺曼西（“莱卡诺”一词来源于“碗”）。大概操作是这样的，亚述人把水和油放入碗中，形成膜。这些膜不像我们观察的气泡膜一样在空气中，但两者因为具有许多共同点而被归入同一类。亚述人的膜也可以产生美丽的色彩，它们也会发生扰动，同时也有黑色区域。

法兰西公学院的亚述学图书馆有很多关于莱卡诺曼西的参考文献。看到这些书版中描写黑色膜的完整文章，是很令人感动的。所以，第一个有记载的真正在这种膜上进行实验的日期是公元前 1800 年，而不是 1675 年！巴比伦人的实验过程也很有趣。一方面，就像对待咖啡渣一样，他们对牧师给出的这种物质的解释进行分析。在巴比伦的文献中发现了一个关于膜的例子，涉及占卜师为一对夫妻算命时采用的占卜方法。首先，占卜师至少要制造出两个黑点。你猜他接下来要怎么推理呢？他疯狂地晃动，这两个黑点可能合并、分离、爆裂等，而这就是这对夫妻可能的命运！

后来，我们在其他系统中也找到了这种占卜的痕迹。可以说，从一个在科学上看来是荒唐的角度来看，所有伴随着混沌运动的不稳定现象都是占卜的好的候选者，不过我们还没有找到。我不感到惊讶的是，通过按照当今物理学中使用的规则运行计算机，我们发现了有些情况可以被占卜利用，这会在未来五十年给一些算命先生提供更多的机会。在我们这个时代，占卜在社会中的重要性仍没有减少。

到目前为止，我还没有真正解释为什么膜会产生扰动。迈赛尔斯和

---

① 译者注：亚述人是主要生活在西亚两河流域北部（今伊拉克的摩苏尔地区）的一支闪族人，拥有近 4000 年的悠久历史。上古时代的亚述人军国主义盛行，地跨亚非的亚述帝国盛极一时。后来亚述人在外族的入侵下逐渐失去独立。

他的团队首先弄明白的是，膜的黑色部分比较轻，而彩色部分比较重。这一切都是在流体中进行。一个黑色小圆盘在彩色膜中上升，如同一个彩色圆盘在黑色膜中下降一样。特别是，如果我有一个框架的话，接近框架边缘的液体会上升，而中心部分会下降。如果这种物质很简单，那么就会出现规则的拱门形式的运动。但实际上这些膜中几乎没有摩擦，因此惯性（或速度）的影响非常重要，所以可能会出现比简单的拱门形状更加复杂的液体流动。因此才会有这种“湍流”的流动，它们在竖直薄膜上产生可观察的扰动——这就有点像从桥下流过的河流，在桥墩后引起了巨大的涡旋。

桥墩的例子与伊夫·库代几年前所做的实验很像。我认为这个实验非常绝妙。库代在水平框架上制作了一层膜，并插入了一根竖直的棒（见图 16）。这根棒可以当作桥墩，但不是河流在桥下流淌，而是让桥（棒）相对于河流（膜）运动。在棒的后面留下了一个明显的湍流尾迹，这可以从一张简单的照片中看到。

图 16 就是库代想展示的典型情况。棒作水平移动，产生类似于桥梁的涡旋。首先，涡旋形成了一个非常规则的结构，就像一条小路，我们将之称为“冯·卡门小路”。但在这里，由于系统黏度较低，湍流可能会很强。涡旋相互作用，尤其是通过成对分组的方式，形成了更加复杂的结构。这些成对的涡旋可能选择离开尾迹，然后扩大，但其扩大方式会非常奇怪，而且难以预测。有时一对涡旋会以恒定的速度奔向远处；而其他时候，一对涡旋会跟另一对碰撞。此时可能会发生很多事情，就像在粒子物理学中一样。根据具体情况，可能会出现两对新的涡旋；也可能出现更简单的形式，比如只剩下一对涡旋，比如会发生重组等。

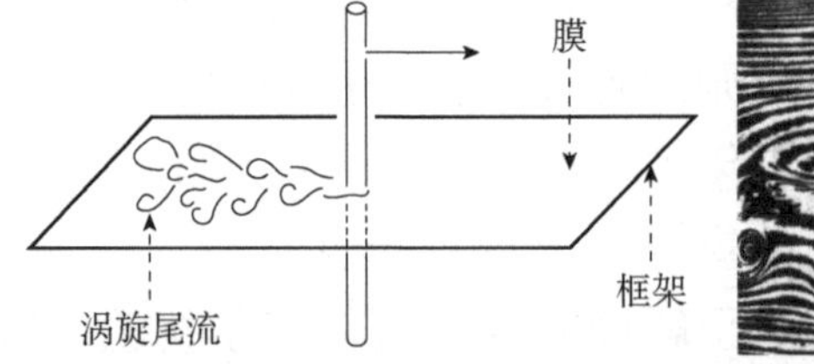

图 16　通过伊夫·库代的实验示意图，可以看到运动的棒后面的涡旋路径。膜在单色光下被照亮，厚度变化伴随着膜中的流体动力学运动，使涡旋可见（承蒙伊夫·库代提供照片）

我非常喜欢这个实验。首先它很好地阐明了什么是肥皂泡中的扰动。另外，它体现了简单物理学相对于复杂物理学所具有的效能，仅在平面中的流体的二维湍流现象就引起了力学专家们的极大兴趣。它们是极其复杂的模拟计算的课题，其中最完整的计算研究是康奈尔大学的埃里克·西贾进行的。这些计算代表了当今最尖端的数字分析手段，需要利用像康奈尔这样富裕的大学所拥有的可自由使用的大型计算机和非常先进的程序。这些计算以一种惊人的方式再现了图 16 的形貌。只是，我们比较一下：一边是价值几千万法郎的计算机；另一边是一层紧贴着框架的薄膜，以及类似牛顿时代或亚述人时代所进行的实验。从这一点看，这个实验是非常了不起的。

最后，我还要说得比较复杂的一点是，如何把气泡的结构和囊泡的结构作对比，后者也是由表面活性剂组成的（见图 17）。我想指出的是，它们是两种非常不同的结构，但二者都非常有趣。

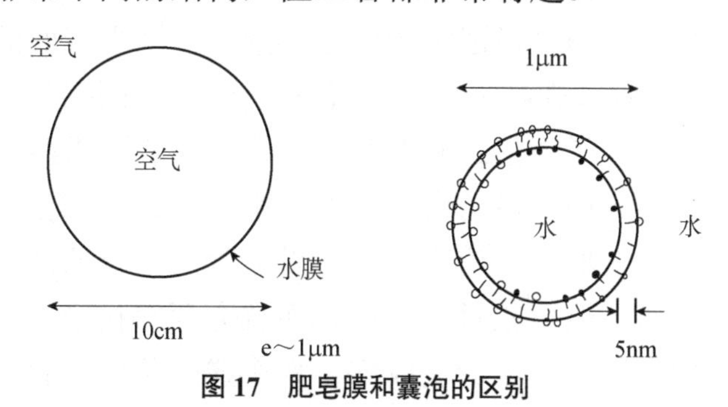

图 17　肥皂膜和囊泡的区别

正如我们所看到的，气泡是由典型的厚度为几微米的薄膜所形成的，其内外两侧都带有表面活性剂，它的整体尺寸至少是几厘米。而囊泡也是通过某些表面活性剂得到的，比如与刚提纯的蛋黄完全相似的卵磷脂。把这些表面活性剂长时间放在水中，然后用光学显微镜进行观察，你会看到一些由双层表面活性剂形成的小球。在我们观察对象的内部和外部都有水，这两层表面活性剂是由朝向水的极性头部和位于双层膜中间的脂肪族尾部构成。这种双层表面活性剂的厚度大约为 6nm，远小于肥皂膜的厚度，但是囊泡有很好的结构稳定性。不同的是，气泡大约能够存在一分钟，而囊泡是一种几乎可以无限持续的物体。尝试理解这种差异的成因是非常有意思的。

很多原因促使我们去研究囊泡。某些化妆品就是用这些囊泡制作而成。但我们更希望这些成分可以成为药物的载体，这可能会给我们带来全面发展，而我在这里没有时间展开讨论。在我们这个时代，生物工程学和分子遗传学的应用是如此精细，以至于我们能够影响核酸的许多功能或它们应用的不同阶段，我们可以进行非常精细的操作。从理论家的角度来看，一切难题似乎都能得到解决，比如我们可以通过服用一种阻断核酸读取的药物来抑制微生物。但这种看起来不同凡响的发展其实没有可操作性，因为我们不知道如何使这种药物穿过细胞壁。如今我们面临的所有问题都是关于载体的，这样看来，囊泡就是一个非常重要的研究对象。

我想更详细地告诉你们为什么囊泡是稳定的，而气泡不稳定。两者之间的一个很大的区别是气泡的表面张力γ较低（约为纯水的一半），但并不为零。相反地，在囊泡中发生了一件值得注意的事，那就是表面活性剂组成的囊泡壁是由数量**固定**的分子构成的（因为表面活性剂具有较长的脂肪族尾部，所以难溶于水）。囊泡的表面活性剂在某种程度上被束缚住了，通过调整分子头部之间的距离，即调整表面密度，它们逐渐达到能量最小的状态。如果最初表面密度很小，那么它们会稍微皱缩；如果表面密度很大，它们的结构会扩大，以达到最适宜的能量状态。一旦达到这个最适宜值，能量相对于物体表面就会变得稳定，表面张力（能量相对于表面的导数）会自动变成零。从实践的角度来看，这就是气泡和囊泡之间巨大差异的原因。如果用手指在气泡上戳个孔，会看到气泡完全猛烈地爆裂。相反，如果给囊泡戳一个孔，这个孔会自我愈合，整个系统会重建其外包膜：系统是稳定的。正是这种不同寻常的稳定性使得这些物体有可能成为我们所需要的载体。

最后，我想对你们说的正是**气泡的消亡**。图 18 显示了向气泡中戳的孔。那就是在肥皂膜的两侧放两根小针，然后制造一点电闪光，让针尖区域的水被蒸发，通过这样一种漂亮的方式就制作成了这个孔。我们来看看一旦小孔生成后会发生什么吧。之前说过，此时系统中具有有限的表面张力——虽然降低了，但是有限。那好，在小孔右边（或左边）这种张力发挥作用，并向右（或向左）拉，肥皂膜的两面都是如此。

只要膜是连续的，张力就会相互抵消。但是，一旦膜被分成两部分，就不再有抵消力。受到没有抵消的力的物体开始运动。我们在中学结业班中学过的方程（由牛顿提出）就是凸缘的冲量 P 的导数，也就是 $\mathrm{d}P/\mathrm{d}t$，等于 2γ。我非常喜欢为高中生们引用这个例子：这个“基本”方程 $\mathrm{dP}/\mathrm{d}t=2\gamma$ 在这里有着不寻常的形式。通常，我们会把它用在质量恒定且速度可变的系统中。而在这里正相反，质量是变化的。为什么呢？因为当小孔变大时，这里所有的水都会聚集到与小孔紧挨着的凸缘中。时间越长，这个向外扫过的凸缘里所聚集的水就越多，所以它的质量 M 随着时间增加。其变化率 $\mathrm{d}M/\mathrm{d}t$ 等于流体密度 ρ 乘以膜的厚度 e，再乘以小孔扩大的速度 V：$\mathrm{d}M/\mathrm{d}t=\rho eV$。如果把质量的变化加入到牛顿方程中，会发现一个关于速度的引人注目的公式。这个速度一方面是恒定的，另一方面又是非常快的，大约为水中的声速乘以分子大小与薄膜厚度之比的平方根。这个分子大小与薄膜厚度之比约为千分之一，其平方根约为三十分之一。所以，凸缘每秒的扩散速度为几十米。

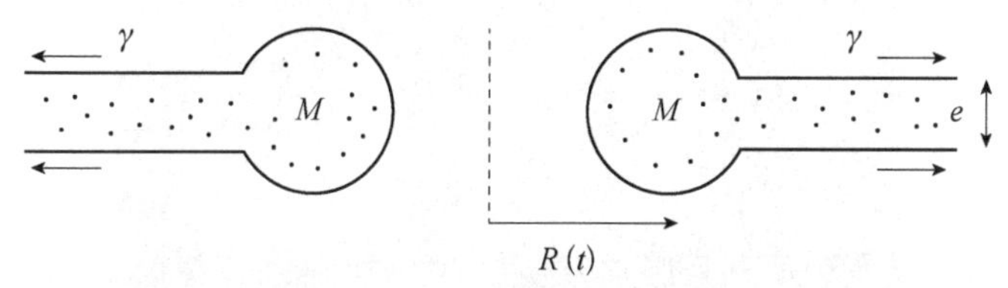

图 18 肥皂泡或肥皂膜中打开半径为 $R(t)$ 的小孔示意图。质量为 M 的凸缘在孔的边缘形成，并随着孔半径的增加，凸缘中所积聚的水也增多。

我必须承认这个理论有点简单化了，因为它假设表面活性剂不起任何复杂的作用。事实上，当凸缘开始形成时，表面活性剂就比平时更加集中在薄膜上。这会导致速度加快，使信号倾向于赶上由表面活性剂浓度变化所产生的信号，这就形成了我们所说的冲击波。冲击波是气体声学中非常重要的现象，在这里也是如此。冲击波的理论是由一位非常杰出的理论家建立的，他叫作斯坦・弗兰克尔，是迈赛尔斯先生亲密的合作者。

我将向您展示一张 1969 年左右迈赛尔斯先生就这个课题进行实验时拍摄的照片。您可以看到在竖直框架上有一层美丽的膜。膜的两侧放置了能够开启电闪光的尖针。尖针放多久的电，闪光就持续多久，大约能持续 1 微秒。它形成了一个清晰可见的小孔，这个小孔会变大。图

19是肥皂膜爆裂时迅速拍下的照片。在条件受控的情况下，可以测量小孔扩大的速度：照片是爆裂后1毫秒拍摄的，而小孔的扩大速度约为10米/秒。我们在此也看到了弗兰克尔现象：在小孔前，可以看到一条标志着冲击波的清晰线条，它的扩大速度比小孔还要快。

图19　由施加在薄膜中心的电闪光引起的肥皂薄膜的爆裂。我们注意到小孔前面的冲击波使等色线变形（承蒙K.迈赛尔斯提供照片）

最近，在一个讲座中，我有机会展示这张照片。当时来自不同领域的人员参加了讲座，其中就包括汉斯·贝特。他是一名研究恒星循环的著名物理学家。我很高兴地听到他在我的讲座结束时说道："这种冲击现象的原理和构造与我所了解的某种东西很像。"因为战争结束时，贝特就在洛杉矶，同时忙于核裂变等几个方面的研究，而且也关注炸弹的力学效应。因此，他写了一些关于冲击波的基础性报告。我以泡沫的消亡问题来结束这场演讲……

两面器的扩散

这是体现皮埃尔-吉勒·德热纳推理类型艺术风格的典范。这封写给法兰西公学院的同事、人类学家伊夫·科庞的信就是很好的证明。

巴黎，2001 年 3 月 19 日

伊夫·科庞教授

亲爱的同事：

昨天，我们在学院大会的讨论中，你提到两面器[①]的生产只持续了五万年，（在我看来）我觉得这个数字好像有点小。但是，经过反思，我认为这是正常的。

我的论点是基于信息的传播，作出如下假设：

一群了解两面器生产的人 A 当时在白天的徒步旅行中探索了 $l\sim10$ 千米范围的区域。如果他们遇到了一群人 B，而这群人不了解两面器生产，但是他们拿到了或交换了 A 的样本，我想 B 会对这个对象进行研究，并且尝试复制它。坦率地说，我认为他们用三个月左右的时间（也就是 100 天）就可以学会制作它。因此，通过随机行走的方式，以我们所说的扩散系数，来传播这个知识，这个扩散系数为：

$$D=l^2/\tau\sim1\ \text{千米/天}。$$

为了覆盖大面积的范围，也就是 L 区域，这样行走所要花费的时间是：

$$T=L^2/2D$$

如果我们选择 T=50 000 年$\sim2\times10^7$ 天，就可以走 $L\sim6000$ 千米。也就是从欧洲中心出发，走过亚洲和非洲，才能完全覆盖这块区域。

这个论点或许很愚蠢，而且我可能严重地弄错了学习时间 τ 的值。但是整件事很简单，我禁不住想要把它告诉你……请原谅我的天真。

祝好，

皮埃尔-吉勒·德热纳

① 译者注：“两面器”技术是人类史前石器技术的一项重要发明，其最为经典的作品是周身经过两面修理的、拥有对称美感和修长身躯的手斧。

II 人

在本书的这部分内容中，我们可以找到皮埃尔-吉勒·德热纳最私密的文章。因为他不太愿意透露秘密，也不愿涉及他的生活或精神状态，所以这些文章才更加珍贵。他回忆了自己的青春，自己的教育经历，作为物理学家的职业生涯，读过的文学和科学著作。因此，我们看到了一个复杂而又富有才华的人的形象。他是一个真正的“文艺复兴时期的人”，他充满激情，同样也关注当代社会的演变。

第一章　人生经历

青年时期

*本文是皮埃尔-吉勒·德热纳2001年在巴黎高等工业物理与化学学院与挪威特隆赫姆大学的克里斯蒂安·福斯海姆英文对话的法语译本。原文发表于2013年施普林格出版社出版的《**超导：发现与发现者**》一书。*

由于战争的影响和我个人健康状况的不稳定，我的故事有点特殊。直到十二岁，我才去上学。因肺部问题，我不得不离开巴黎去山区居住。当德国人占领法国的大部分地区时，我们还是住在原地。我的母亲将她的知识教给了我，主要是文学和历史方面的知识。我的母亲醉心于历史，但对科学知之甚少。她年轻的时候几乎没有受到关于科学的教育。当我想进入高中时，刚开始，学校不愿意接收我，因为我的年龄太小了。然而，一所学校同意给我一次考试的机会，我成功了。进入高中后，我很高兴能遇到优秀的教师，他们也经常从巴黎过来。

所有这一切都发生在南阿尔卑斯山的一个名为巴斯洛内特的小镇。那时候，我非常喜欢科学，但没有感觉到任何特别的使命感。我的家庭传统自然而然地把我推向医学领域（我的叔叔、我的父亲、如今我的儿子都曾是或仍是医生），而我的母亲宁愿我从事外交或类似的职业，但我都拒绝了。我认为在高中结束时促使我选择科学的原因是我对准确性的一种偏好。在讨论中，你说了一些话，你提出了一个大胆的假设，没有什么可以阻止你继续你的念头；但如果在某个时刻，你可以做一个测试，做一个验证，那么你就会知道自己的假设是否成立；如果不成立，你就会发现其中的错误——然而在艺术活动中，我没有发现这种可能性，这让我感到苦恼。

直到高中结束时我才真正对科学感兴趣，那时候，我得到了很好的建议。在法国教育系统中，人们可以花两年时间读预科，这样才可以进入被夸张地称作“大学校”的地方，就像我们今天所处的这所学校。我高中时期，有一位女士（我记得她是校长秘书，嫁给了一名教授，而且她很熟悉法国教育系统）告诉我有一个专业教育部门，是一个有点特殊的预科班，叫作“普通实验科学班”，简称NSE。我们可以在那里同时学习物理、化学和生物学。

我进入了这个预科班。在那里，我见识到了一种真正奇特的教学模式。它比优先考虑数学和形式物理学，如热力学及其所有细节的传统预科班更加刺激。我认为两者的主要区别是，在这里，人们教我们学会**观察**，观察植物，它们的叶子等；或观察小动物。在此之前，要先去寻找它们，保存它们（例如用石蜡），然后用针把它们挑开，看看里面有什么。此外，在这里我们会做许多物理实验，这跟传统预科班很不一样——例如，我们要学习如何调整干涉仪并使其正常运行，我至今仍然无法做到这一点！对我来说，这可能是最好的教育。

因此，这两年对我而言是一种享受。五十年后，那些在这个预科班学习过的人仍然非常依恋它。几年前有一位教育部部长，就是公众都熟知的地球物理学家克劳德·阿雷格[①]，他也曾在这里学习过。他做过很多大型项目，遇到了很多困难，进行过艰苦的斗争。他是在我离开一两年后进入这个预科班的。在他的众多著作中，有一本专门回忆了他在预科班的生活，证明了这个特殊的班级是多么地令人难忘。

两年后，我进入传统的教育体系学习，我们称之为师范学院。学校距离这里约几百米。最初，在19世纪，这个机构旨在培养高中教师；后来它成为一个面向大学教育的研究中心。师范学院最棒的一点是，它给了我们充分的自由。那里的学制为四年，在此期间我们基本上做了我们想做的，也就是说，并没做什么大事。但这里有一些大师级的人物，如物理学家阿尔弗雷德·卡斯特勒，他因光泵浦获得了诺贝尔奖[②]。他是一个有魅力的人，也是一位优秀的老师。

---

① 克劳德·阿格雷，生于1937年，地球物理学家，1997年到2000年，担任若斯潘政府的教育、研究和技术部长。

② 阿尔弗雷德·卡斯特勒（1902—1984），1996年获诺贝尔物理学奖。

我要提到的另一个人在科学界还不太有名，他是核物理学家伊夫・罗卡尔[1]。他致力于声学方面的研究，同时还研究桥梁的稳定性和其他类似的问题。他在战争期间也对无线电波感兴趣，并积极参加到抵抗运动中，向英国提供关于火箭和雷达安装的信息。他为海军做出了如此巨大的贡献，以至于他被任命为海军上将！他还建立了一个地下核爆炸探测系统，已在全世界范围内安装，他使用的探测器既简单又灵敏。因此，罗卡尔是一位对很多事情都感兴趣的物理学家，他教我们基础物理、电磁学、一些力学、冲击波和统计物理的基础知识。他有一种超乎寻常的物理直觉。罗卡尔是一个激励别人的人物，他是一个"四季之人"[2]。他的儿子曾在约十五年前担任总理。真是一个有趣的家庭！

我要提到的第三个人是皮埃尔・埃格兰[3]。他是一位颇有人格魅力的研究员，他是法国半导体科学的创始人。我和他一起工作了一年，在此期间，我们不得不去实验室进行操作。他每天早上都有一个新的想法，并且跟我们分享——我们真的大开眼界！大多数时候，他的想法完全是荒唐的。但在十个新想法中，总有一个符合新的物理效应；因为他每天都有一个想法，所以每个月能够得出三个新的效应，这太惊人了！他非常讨人喜欢，把我们当作朋友，而不是学生。他甚至训练我们，带着我和菲利普・诺兹在整个欧洲实习和参加会议。对我而言，他是一位卓越的大师。

因此，正是这三位人物，卡斯特勒、罗卡尔和埃格兰，在某种程度上教给了我物理学知识。我还想再加上第四个人，他就是费曼[4]，尽管这么做可能会显得我有些愚笨或自负。他的著作影响了我，1953 年到 1954 年左右，当我还在师范学院读书时，就对他写的关于氦的文章感兴趣。他写了两篇关于超流氦的性质和基态波函数的漂亮论文，文中用了很少的方程式，写得太好了。我去加利福尼亚的时候，他在伯克利。直到今天，我也深深地遗憾没有见过他。

---

① 伊夫・罗卡尔（1903—1992），物理学家，法国原子弹项目的科学负责人。

② 《四季之人》，罗伯特・鲍特编剧，弗雷德・齐纳曼导演的电影，法语译为《永恒之人》（1966）。

③ 皮埃尔・埃格兰（1924—2002），物理学家，1978 到 1981 年担任瓦勒里・吉斯卡尔・德斯坦政府的国务秘书，负责国家的科研事宜。

④ 理查德・费曼（1918—1988），著名读本《费曼物理学讲义》的作者，1965 年获诺贝尔物理学奖。

我是一名物理–化学–生物学家!

本文是皮埃尔–吉勒·德热纳与法国国家科学研究中心荣誉主任悉尼·利奇对话的文本，2005 年刊登在《研究》杂志。皮埃尔–吉勒·德热纳在此提及了他转向生物学研究的问题。

“你因研究软物质而获得诺贝尔物理学奖，但如今你转而研究生物系统。你的研究路线是什么？”

我在青年时期一直致力于磁学研究，然后研究超导体。但是我们在奥赛的研究小组很快意识到，我们无法用轻型设备进行实验。我们不得不研究复杂的冶金、合金制造等，但这不是我们的风格。我们确信必须改变研究方向，找到一个可以继续**小科学**研究的领域。1966 年查尔斯·萨德伦的来访为我们提供了一个契机。他是斯特拉斯堡大学高分子科学研究所的前任负责人。他针对聚乙烯和 DNA 的长链分子发表了绝妙的演讲，但是似乎许多问题尚未完全理解。大约花了两年时间，我们的核心理论家开始对这些大分子进行思考。我们发现了两三条理论行动路线，但我不喜欢这种不涉及具体情况而进行思考的方式，所以我们决定暂时放弃聚合物研究，而是花几年时间去研究液晶，等以后再回来继续研究聚合物。我觉得有必要在这里提一下自己的这次半失败的例子，这是一次既前进又后退的经历，因为一个有想象力的年轻人不应该认为自己能够从一个课题跳到另一个课题，进入新的领域然后获得一些成果，这不是那么简单的。

“因此，你从磁学，转而研究超导体、聚合物、液晶……”

20 世纪 20 年代乔治·弗里德使法国的液晶研究处于鼎盛时期。在他之后，这一课题被人们放弃了，这也是我们的机会。在 20 世纪 60 年代，该研究领域是苏联人的领地。他们过于理论化的教育使其忽略了许多物理化学方面的研究。因此，我们邀请现有的实验室联合起来，其中包括光学、核共振、晶体化学的实验室和缺陷科学的冶金学家。现在，这种合作是不可想象的：要获得一个职位，学生必须在许多出版物上发表文章——而在当时，学生的名字只会在**科学院报告**的简要记录上被提到，也只有他一个人介入其中，更多的集体企业都是匿名的，一切都很顺利。

“您已经发展到软物质领域，从物理学家变成了物理-化学家。几年来，您一直在居里研究所工作。您目前打算转行成为生物学家或者医生吗？”

我去居里研究所工作有这么几个原因。一方面是因为我在那里有很好的朋友，这是一个非常有活力的地方；另一方面是因为我对生物学感兴趣。我发现自己的研究领域之间有一座天然的桥梁，因为居里研究所的三个研究小组都对细胞黏附感兴趣：细胞如何粘在另一个细胞上，或细胞是如何移动的。在溜冰场，人们要么滑动，要么，如果没有附着力，就会跌倒。对细胞来说也是一样的，它黏附，伸展，然后脱落，然后周而复始。某种联系将我们所熟知的黏附性与这些脆弱的细胞系统联系起来，但细胞的研究层面和所需要的实验设备是完全不同的。以携带复杂分子钙黏蛋白的细胞为例。这些分子使细胞能够找到一个表面，并附着在上面。这些分子数量很少，并且分布在细胞周围。当遇到一个表面时，钙黏蛋白会在正变大的黏附面上移动。于是，细胞表面上扩散的分子运动和毛细作用的运动之间存在一个耦合的机制，由此而形成了一块板，就像一滴水滴在一个表面上一样，会出现一个随着其周围分子的特性而变化的接触角。所有这些都会随着时间的推移而变化，我们必须用“一致”的方式来理解这一整体。

“这就提出了科学中的解释是什么的问题。对于我来说，这涉及过程的概念及其机制的概念。但机制的论证在物理学、物理化学、生物学和医学中是不同的。在设计一个机制及其论证的各种方式之间，是否存在一个兼容性问题？”

在这四十年里，我一直在改变。我受到典型的法国教育方式的培养，上过预科，然后进入大学校读书。我的思考方式很正统，总是从人们所理解的原则出发，因为人们要进行评估。当我开始阅读理查德·费曼的文章时，我逐渐脱离了这种思考方式。他是一名电磁学理论家……

“也是教学法理论家......”

当然，他是一系列会议的创始人，他影响了我们这一代人。在费曼关于氦[①]的超流性的文章中，思考居于首位，计算仅起辅助作用，这不是他的研究动力。同样更加值得注意的是费曼还是一位才华横溢的数学家。但在这里，我也看到了一些困难。我见过没怎么受到正规教育的人，例如，20 世纪 40 年代的时候，他们大概 20 岁，从来没有正确地学过量子力学，他们的一生都受到影响。与此同时，一个人不应该成为逻辑建构的疯狂崇拜者，两者之间的平衡总是必要的，尽管很微妙。

“对于一名物理学家来说，机制和论证的思想绝对是最基本的。我觉得几年前，在生物学方面，想象事情是如何发生的就已经足够了。后来研究人员才开始更加仔细地研究这些机制。”

当我来到居里研究所时，我惊讶地发现在细胞黏附方面存在着巨大的困难。当我们从物理上研究这个过程时，我们采用了一个具有最小可调参数的系统，这可能是一种化学添加剂，但不多。我们试图找出一个非常简单的现象。由于这种简单性，我们并没有犯太多错误——而为了证明成纤维细胞[②]如何发展时，生物学家进行了一系列复杂的化学反应。为了了解某一机制是否关联，他们会阻断许多其他机制，这使得生物学家的控制和验证工作比我们还要繁重。

“是什么让你经常改变研究课题？”

对我来说，一个重要的原因是我们正在培养比我们更优秀的年轻人。有时候我觉得是时候该悄悄地离开了，让年轻人来接管研究工作。在超导体和液晶研究中，我经常有这种感觉。此外，同样的感觉也出现在对孩子的教育上。我有七个孩子，现在有八个孙子孙女。我知道在某些时候必须牢牢抓住他们，而在其他时候，也要懂得不要约束他们，要让他们自己负责，尽管这并不容易，我们经常会做错。

“您处于几个学科的边界，并和具有不同背景的科学家合作。跨学科这个例子是法国国家科学研究中心讨论了至少四十多年的重大问题，这个问题对科学技术的创新至关重要。但是，与按学科划分的职业发展相

---

① 氦的超流性是一种黏性为零的状态，大概在 2 K（约−271℃）温度时出现。

② 成纤维细胞是所有结缔组织中出现的细胞，它分泌胶原蛋白和其他大分子。

联系的官僚主义繁文缛节正在阻碍这些举措。怎么解决这个问题呢？”

关于这一点，我从两方面来解读。第一个方面是你所说的那些声称鼓励跨学科发展的主管部门却在实践中反对它。我举两个例子：法国国家科学研究中心的物理科学和化学科学的分裂在很长一段时间内造成了两个学科的分离，但这种分裂未来很可能会消失。另一个例子可能不为公众所知，那就是人们在三四年前建立了博士学校。当我们研究毛细作用、黏合剂、聚合物，还有稍微研究了一下液晶时，需要涉及许多领域。一方面是化学，因为我们准备通过相当精细的处理方法对表面进行改变；另一方面，也涉及物理学和一些抽象学科。我们很高兴能够从研究液体的获 DEA[①]的学生中招收到理论博士生，从研究聚合物的 DEA 中招聘到化学博士生。现在我们不能这么做了，因为学生们只能属于一所博士学校。行政法允许我们和其他机构进行联系，但从职位和奖学金的角度来看，这种可能性纯粹只是形式上的，因为只有一个机构会把职位和奖学金分配给我们。这项规定给跨学科发展带来了沉重一击。

第二个方面，我们的研究人员也负有不同的责任，因为我们经常错误地利用跨学科的作用。物理学家或物理-化学家表现出对生物学的傲慢和统治。例如，他们声称已经了解某些致癌分子的功能。事实上，他们计算了嵌入 DNA 系统的结构。显然，一旦它们被嵌入，基因密码的读取就会出现严重混乱，癌症也因此而产生。生物学家认为可能需要在那里寻找一种物质。几个月后，他们意识到这确实与他们所担忧的问题没什么关系，而他们的研究热情已经消退。更糟糕的是，他们现在认为不必考虑物理学家或物理-化学家给他们的忠告。

我们经历了与生活本质相同的挫折，每个人都想运用自己的知识。对某些人而言，DNA 是超流体。对另一些人而言，DNA 中应该会出现电荷的集体振荡。甚至是 1977 年诺贝尔化学奖得主伊利亚·普里高津，也已经让许多研究人员疲惫不堪。他认为生命来自不可逆的不稳定机制，这种机制产生了有组织的结构，就像在沸水中观察到的那样。这种说法不是错误的，但却过于简单了。

“生命的起源的确是一个令人兴奋的主题。关于这一点，您对哪个

---

① 译者注：DEA 是 Diplôme d'Etudes Approfondies 的首字母组合，即大学第三阶段第一学年结业证书。

科学问题感兴趣呢？”

手性是需要被澄清的方面之一。自巴斯德以来，我们知道某些分子可以有两种对称形式，如同人们的右手和左手。然而构成我们生命物质的所有分子，尤其是构成我们机体蛋白质的氨基酸，仅由左型组成。我们不明白这是为什么。

“如果手性确实是一个物理-化学问题，它难道不是与生命的起源相关的吗？”

这困扰着我。如果我们一开始既有右旋氨基酸，也有左旋氨基酸，可能会发现两者之间形成不稳定前沿的情况。可能会存在右型物质占优势的一些区域，而其他区域是左型物质占优势。如果其大小发生涨落，其中一个区域可能会完全覆盖地球，而另一个区域会消失。还有一点令我很感兴趣：为什么基因密码是相同的，而生命却可以创造很多不同的物种。我无法相信只用一种形式的基因密码就能完成达尔文的物种选择。会不会有几种类型的代码共同存在，或许它们的字母数量相同但是写法不同？在这方面还有谜题等待我们去解开。

从诺贝尔奖到神经科学

这次与 S.瓦莱里奥、L.卡兰德鲁以及 P.特里菲利耶夫一起接受的采访于2006年10月发表于《神经科医生快报》。这是皮埃尔-吉勒·德热纳接受的最后几次采访之一。

“在一次电台采访中，弗朗索瓦·雅各布谈到自己在 1965 年获得诺贝尔奖的感想：‘对我而言，诺贝尔奖没有带来大的变化，只是让我有更多的钱支持我的工作，有更多的学生想要跟我一起工作。’对你而言，诺贝尔奖带来了什么呢？”

首先，最重要的是，当我获得这个奖项时，已经是巴黎的一所学院的院长。这所学院当时正处于困境，而诺贝尔奖则帮助我重新得到市长和市长顾问们的青睐，并使得这所学院没有被放弃。第二年，在同一所学院担任副教授的乔治·夏帕克也获得了诺贝尔奖。那时，他主要在欧

洲核子研究中心工作，但他来找我们是因为我们是初创公司的创立者，而他也想创建一个。巴黎市看到这个学院两年内出了两位诺贝尔奖获得者，于是开始作出反应。因此，这个奖项在这些方面确实有实际作用。

其次，诺贝尔奖对我的时间安排也有重要影响：那些年，我每天要花一到两个小时处理邮件，因为很多人联系我，并向我寻求建议。当涉及我熟悉的问题时，我可以比较快速地回复他们。但是，人们也经常问我关于道德或社会的问题。在这种情况下，我需要花费很多时间来认真回答这些问题。但是，诺贝尔奖没有给我的科研计划带来太大变化。1991年，我已经在法兰西公学院领导了一个实验室。我们继续以原来的方式工作。这是一个由“工匠”组成的实验室，我们没有很多设施，但也没有很大的需求。应该指出的是，对于一些科学家来说，诺贝尔奖可能会带来非常负面的影响。我认识一位物理学家，他在大约三十五到三十八岁时获得了这个奖项，非常年轻，而这个奖项有点“扼杀”了他。获得诺贝尔奖以后，他变得非常忙碌，也不再做任何研究工作。这真是太遗憾了，因为他是一位很棒的研究者。因此，在某些情况下，诺贝尔奖带来的影响可能是灾难性的。

“对于一些诺贝尔奖获得者，如利根川进或杰拉尔德·埃德尔曼而言，这个奖项对他们的认可是一次改变研究领域的机会。你今天关于记忆的工作是否标志着你工作的重新定位？”

在我的职业生涯中，我经常改变研究课题。当我还是个孩子的时候，我开始研究磁学和中子，因为我当时在萨克莱。后来，我和一支非常年轻的团队一起研究超导体——这是完全不同的研究课题。大家组建了一个实验室，而我却笨手笨脚，不擅长做实验，所以下注不是事前赢的，但我们做得很好，甚至还度过了数年的快乐时光。随后，由于研究“风格”的原因，我们没有继续下去：有一个阶段，是关于利用轻型装备做实验来发现简单的原理；后来又出现了一个新的阶段，那就是需要复杂的冶金学来研究超导体，所以必须有大型的仪器设备。这种情况跟以前完全不同，于是我们转而研究其他东西，比如液晶。实际上，大约在1968年，显示器就开始出现了，我们感觉一种利基市场打开了。然后，我们创建了一个由六个或七个小组（光学、核共振、晶体学、化学等方向的小组）组成的联盟，开始研究这个课题。

通常，诸如参观实验室或撰写序言之类的局部事件会导致新研究方向的产生。从某种意义上说，我对神经科学产生兴趣同样是因为机缘巧合。我有一个女儿在斯特拉斯堡做博士论文，她在硅上生长出神经元。简单地说，她的工作就是研究信号如何在神经元之间传递。她给了我一份她的论文副本，说实话，我一个字都看不懂。论文从类似于赫胥黎[1]对**脉冲**的传播进行的描述开始讲起，并且利用了复杂的模型，这个模型必须包含四到五个不同通道的影响。而我对此一无所知，这让我感到心烦意乱。于是我买了一些关于这个课题的书，非常高兴地研读。一年后，我开始反复思考其中的内容。从像尚热关于记忆的对象那些研究开始，我认为其中有一个很好的问题。并且，跟往常一样——这是一个古老的学术思考——由于不熟悉这个领域，我上了一门关于这个课题的课程。这是一门初级课程，但同时它教了我很多东西。可能很多生物物理学家都上过这门课程。之后，我建立了今天谈到的这个小模型。

“你的模型表明只需要三个神经元就足以为一种气味进行编码。你有没有想过用某种方法对这个假设进行检验？”

我认为我的观点现在不会产生巨大影响，因为它不容易通过实验来证实。如果我们在功能成像方面能够达到非常高的空间分辨率，也许我们可以看到气味的编码是否确实只涉及三个或四个神经元。而目前，我们很难对此进行观察。现在的问题是，这个模型是否可以扩展到其他感觉模式中？当这些感觉模式结合起来时，就可以形成一种记忆的“大脑地图”。之后会发生什么，我也不知道。或许有一天它会有用，或许它没什么用处，但我不会后悔，因为它促使我思考。这不是浪费时间，我现在就是这么认为的。

“你认为有可能会在全球范围内模拟大脑的运行吗？”

我对此持怀疑态度。我看到有太多人试图用想法而不是用事实去建设这个世界。这种现象在拉丁美洲国家尤为常见，在北欧国家则较为少见。我们首先教授公理和定理，然后学着用这种方式进行推导和构思。我认为借用那些在其他学科中已经体现有效性的“秘诀”是一种危险行为。我对从工具出发，尝试重新定义材料的做法感到怀疑。我更喜欢

---

① 译者注：托马斯·亨利·赫胥黎（1825—1895），英国博物学家、教育家，达尔文进化论最杰出的代表。

从材料出发，然后再使用工具。但我不喜欢过度地推崇工具的作用。

自　传

2004 年在奥赛的固态物理实验室举办的一次研讨会上，皮埃尔-吉勒·德热纳选择向会议组织者们寄了这则令人称奇的自传体个人简介，而不是通常的科学摘要。

皮埃尔-吉勒·德热纳既研究生物学又研究物理学。他首先在师范学院的皮埃尔·埃格兰实验室摧毁了一些脆弱的装置；在萨克莱，他完成了一篇关于磁体的论文。

在加州伯克利，他了解了美国人生活的好的一面和不好的一面。然后他在法国海军服役了 27 个月。在巴黎南大学，他（在库房里）创建了一个关于超导金属研究的小组；然后对液晶进行集体研究。来到法兰西公学院后，他联合创立了一项关于聚合物的国家级研究课题。然后，他致力于研究一位有创造力的工程师（莱昂纳多·达·芬奇）曾提出的黏附和摩擦问题，这使他开始研究细胞黏附。现在，他对神经科学感兴趣，特别是对大脑记忆对象的性质感兴趣。从 1976 年到 2002 年，他也是巴黎高等工业物理和化学学院的负责人——这是一所专门培养研究工程师的学校。

他有很多子女和孙子孙女；他喜欢和年轻人交流：他曾到 200 多所高中进行访问。

第二章　阅　读

科学的忧郁

在世界出版社1990年出版的著作《法兰西公学院虚拟图书馆》中，法兰西公学院的35名教授同意把自己看过的有价值的书推荐给大家。在这篇杂糅着科学和艺术的文章中，皮埃尔-吉勒·德热纳提到了曾打动他、使他感到震惊的书籍。他知道向大众介绍物理学家的工作是一件很困难的事，而这些书籍让他对这种困难进行反思。

我一点也不相信书籍锤炼了我们。我更相信我们是由其他男人、女人或者是我们面对的障碍所锻炼而成。不过，公平地说，某些书籍还是令我感到震惊：首先在小说的构思阶段，作家天马行空的想象力能够形成一个胚芽，这个胚芽就是一本书。

在这里我想到了季奥诺[①]，他的《屋顶上的轻骑兵》一书。故事发生在我童年的故乡，书中的英雄人物比司汤达[②]笔下的人物更加纯洁，他不像于连或法布利斯那样急于展现自己，这个英雄经历了厄运、流行病、旧仇。在他身上，我也看到了福克纳[③]具有的态度，但我的本性更接近卢尔山的农民。

如果我遇到一个年轻人，我们会一起**深入地**聊天。我会提到季奥诺，还有川端康成在学生时期写的小说《**伊豆的舞女**》。我很晚才读到这本书。我在书中看到了一种激情，一种内敛又强烈的激情，我是这么理解的。

然后，如果这个年轻人对所谓的精准科学感到好奇，我会跟他谈论

① 译者注：让·季奥诺（1895—1970），二十世纪法国著名小说家，获得过摩纳哥文学大奖，并是法国最重要的私人文学团体龚古尔学院的院士。

② 译者注：司汤达是马利-亨利·贝尔（1783－1842）的笔名，他是十九世纪法国杰出的批判现实主义作家，《红与黑》的作者。

③ 译者注：威廉·福克纳（1897－1962），美国文学史上最具影响力的作家之一，意识流文学在美国的代表人物，1949年诺贝尔文学奖得主。

我的工作，也就是说跟他谈论物理学：谈论系统的危险性；那怎么办，在我看来，细致地又忠实地描绘自然，同时保持一定的距离和整体性，并且在夏尔丹和莫奈之间费力地转换！对我来说，我是由法国式的教育方式培养起来的，对形式主义有着盲目的尊重。对我的思想产生冲击的书籍是**《费曼物理学讲义》**，这是费曼最初为加州理工学院的学生准备的一本讲义集。他的信件、他的批评及他的冲动，对我们这一代人来说，是一条通向大马士革的道路，西方世界的所有物理教学都因此而受到了质疑。

科学的忧郁在于其传播的难度。毕加索画的三条线，梵泰蒂尔[①]的某句话都能轻易地打动我们。然而，我们却需要很多年时间才能感受到某个物理学新思想的美妙之处。物理学家的某个观点变化的奇妙之处就在于突然之间就可能导致人们对大自然的某一方面有了不同的解读。一些受到鼓舞的研究人员，如费曼或最近的戴森（**《扰乱宇宙》**[②]），帮助我们跨越了物理学的浅滩。

化学方面遇到的问题是不同的：一方面，化学领域的问题更加困难。因为在当今社会，出于各种原因，化学不太受人们欢迎。这门学科被认为是有污染的、有害的。化学被视作模糊的科学，因为分子的构建不是靠定理完成的。但是，另一方面，化学恰恰是一门艺术，它必须根据实际情况遵循或有悖于学科规律。如果让我提供证明化学是一门艺术的证据，我会立刻向大家推荐普里莫·莱维最近刚被翻译成法语的著作**《元素周期表》**。在这个严肃的书名下，我们会读到一个化学家各种经历的自传，他在抵抗运动中、在集中营里以及在战后的苦难生活中，在由厨房改造成的临时实验室或在皮兰德利安的工厂里开发坚实的、危险的、神秘的材料中的种种遭遇。通过这样或那样的经历，一门类似炼金术的科学重新浮出水面。这本书带有一点幽默感，并且有诗歌的韵味。我非常喜欢这篇毫不炫耀的证词，希望以后有机会给我的孩子或孙子们大声朗读这本书：这是我所知道的对一本书最高的赞美。

---

① 译者注：马塞尔·普鲁斯特（1871—1922），法国20世纪伟大的小说家，意识流小说大师，代表作有《追忆逝水年华》等，梵泰蒂尔是他作品中虚构出来的作曲家。

② 法语版本：《扰乱宇宙》，Payot，1986。

荣誉与耐心

这篇演讲于2002年10月22日发表于五所学院的联合公开会议上。这场会议围绕“作为概念和美德的荣誉”这一主题展开。皮埃尔-吉勒·德热纳描述了科学家荣誉的不同方面，他们有犯错的权利，他们有责任使科学变得富有成效，使其普及，并在总是对科学抱有敌意的社会中捍卫它。

自1945年8月6日以来，科学家的荣誉受到了损害。人们认为每个物理学家都应该对广岛的死者负责。然而，费米和维格纳并没有因为向罗斯福总统介绍核武器而失去荣誉。美国人民通过他们选出来的总统做出制造核武器的决定。

纳粹阵营也想要这种炸弹，但是它们没能如愿。海森伯是德国该项目的负责人，也是杰出的量子物理学理论家。1945年，他声称破坏了自己的项目。事实上，海森伯的失败与荣誉感无关。它主要是因为两个技术缺陷所致：首先将未充分提纯的减速剂用在第一个反应堆上[①]；然后，他对爆炸所需的“临界质量”的估算是错误的。

但是，即使核武器目前还不活跃，它们仍是人们对科学研究产生巨大不信任的根源。我们必须面对这一事实。事实上，科学家的荣誉到底在哪里？一些哲学家将科研人员视作建立真理的人，我们中的许多人并不完全认同这种模式。我们这个时代的研究人员从未声称要建立一个终极真理，我们只不过是带着许多犹豫和笨拙对大自然进行近似的描述。

量子电动力学的创始人理查德·费曼在一个著名的公式中这样描述道：**“理论是最好的猜测。”**到目前为止，我们所接受的理论是以最少的假设来描述最多的事实。真正的荣誉并不总是正确的，而是敢于提出新想法，然后去检验它们。当然，我们也要学会公开承认自己的错误，并懂得指出某些陷阱。在这里，科学家的荣誉与唐·迭戈的荣誉完全相反。当一个人犯了错误时，他必须接受丢脸的事实，我见过很多伟大的学者以优雅的方式做到了这一点。

① 译者注：石墨和重水都可充当良好的减速剂。当时德国石墨工厂故意提供了不纯的石墨——该工厂的总工程师是反纳粹的地下组织的成员，故导致失败。

在我们关于真理的讨论中忘记了科学的另一个方面，那就是关于那些**发明家**。他们是我们科学的正式成员。他们的荣誉是使科学富有成果，创造新的有用的物品。我曾经说过，如果一个外星人代表团来地球考察，它们会满意地看到（针对20世纪的物理学）我们已经发明了晶体管和激光。但它们还会注意到，两个男人全身心地工作了二十多年，终于生产出了拉链。伟大的技术发明和基础发现需要同样多的想象力。我必须在这里对我们的科学院和技术学院最近的分裂表示遗憾。如果对此缄默不言，那我就失去了自己的荣誉。防御工事的建造者，后来又对静电感兴趣的库仑对此会说什么呢？还有统计力学的先驱、声呐的发明者朗之万，他又会说什么呢？

因此，我们科学家的荣誉在于对大自然进行近似但简单的描述。同时，**不要保持被动**：我们要利用这种构造感来制作符合我们社会需要的新物品。我刚才概述的观点不是公众的观点。如今，研究人员在更广泛的意义上承担**责任**，他们要对武器负责、对污染负责、对未来的生物学困境负责。然而，实际上，科学家在国防、能源或工业投资等重大决策中几乎没什么话语权，他们甚至没有完全的言论自由。

举个例子：一个空想家接连宣布了两个非凡的发现，这些发现很快被证明是没有根据的[①]，但他得到了大批知识分子的支持。几年后，虽然他的提议没有留下任何东西，但一家被认为是最严谨的法国报纸竟用了大量的篇幅维护这个空想家的发现，这比该报纸报道真正的科学发现所用的篇幅还要多。我们必须清醒地看待这种现象产生的原因。

当然，制造恐慌常常是一项有利可图的操作。在这个意义上组织最严密的游说团体诞生于美国。它们给自己大胆地命名为“政治正确”。他们的宣传语是**科学是对大自然的亵渎！**人文学科向未来的美国教师们反复强调这一点。我们的荣誉就是这样被摧毁的。在这种情况下，即便看到高中生们抛弃了科学课程，我们也丝毫不感到惊讶。然而，只有通过在科学上的加倍努力，我们才能保护环境、保护我们的生活质量。以

① 雅克·贝温斯特（1935—2004）在1988年宣称一种医疗溶液被稀释到平均不再含有一个活性分子时仍然保持有效。人们称之为“水的记忆”。1988年在头版报道这件事后，1997年《世界报》为此在头版刊登了一篇长达六页的调查。

玻璃为例，西方公众认为玻璃是一种生态奇迹。但玻璃是用巨大的熔窑，在空气中燃烧煤油制造而成的。这种操作会产生亚硝酸蒸气——一种剧毒的红色烟雾。现在我们能够用一个坚固而巧妙的系统，以合理的成本把氮气从空气中去除掉。多亏有了这个系统，几年后，玻璃的生产变得非常干净。参与这场革命的研究人员值得我们感谢。

因此，我们的科学院对科学在公众心中的负面形象感到不安。那些以前被称作科学大师的人物有必要让人们了解他们的研究方法，特别是要与年轻教师交流。这是一项长期工作：我们必须既要有荣誉感，又要有耐心。

由于乔治·夏帕克发起的名为“面团里的手”的活动，我们的科学在小学教育中取得了进展。但我们必须在所有的教学阶段进行斗争，以便教育者们真正理解现代世界，理解个人需求，理解必要的常识性的解决方法。科学教授的荣誉不仅在于让大家了解科学规律，还要向大家展示这些规律的用途。

为了结束这个演讲，我能做得更好的就是引用从死亡集中营死里逃生的化学家、作家普里莫·莱维的话。作为小说的证据，他写道：“我一直在寻找发生在我和其他人身上的事情，我想把这些事写在一本书里，看看我能否成功地向外行人传达我们这一行强烈而辛酸的个中滋味。这绝不仅仅是一个特殊情况，而是我们生存职业的一个更大胆的版本。我不认为人们应该只了解医生、妓女、水手、杀人犯、伯爵夫人、古罗马人、阴谋家和波利尼西亚人的生活方式，而对我们这些将物质进行转换的人的生活方式一无所知。在这本书中，我故意忽略了那些由大型企业和令人炫目的营业额所带来的重大化学工业的发展成果。我最感兴趣的是那些一个人独自行走、手无寸铁的化学故事，这些故事与人相称，除了几个例外，其余的都是我自己的经历，不过这也是一些化学领域中的开山鼻祖的经历。他们没有团队，而是一个人在工作，受到他们那个时代的冷眼，常常没有收入，在没有任何帮助的情况下，用自己的大脑和双手，凭着自己的理性和想象力，去迎接物质的挑战。”

如果我们能成功地将普利莫·莱维的精神传递给年轻人，我们就不会失去科学的荣誉。

普里莫·莱维和科学职业

本文是 1999 年 11 月在日本由法语联盟组织的会议上所发表的版本。皮埃尔-吉勒·德热纳在此分享了他对普里莫·莱维的两部作品《元素周期表》和《扳手》的思考。他还提到了自己作为物理学家的思考方法，即寻找能够解释复杂现象的和令所有人都能接受的简单图像。

对于我们的物理学家或化学家而言，有一个特别的运气可以跟随**《元素周期表》**或**《扳手》**中的调查；想象那些被神秘白点覆盖并变得无法使用的大量胶片；看到谦虚的英雄在一个充满敌意的环境中战斗着，绝望着，最后找到一小段阿里阿德涅之线[①]——根据这些线索，所有问题都将得到解决。我们每个人都经历过这样的调查，不论是关于工业过程还是科学事实，都是这种样品在这种情况下的意外行为。我们的神经在以下两种情况中会紧绷起来：一种情况是当顾客不满意时，另一种是惶惶不安的研究人员之间产生激烈的竞争。这些研究人员在地球的另一边密切注意着对方。

但是从那个讲述了把图画变成小牛肝的故事中，我们也能吸取教训。首先是关于工业运作，例如一家企业中的**不可动摇的传统**的问题："二十年来，我们通过在某些时候加入 X 添加剂来制作这种颜料，并且（有时）没有人知道为什么要这么做。总而言之没有人敢对这个过程提出质疑。"几年前，我参观了一个大型工厂，在那里生产着我们这个时代的摄影胶片（天哪！是彩色的）。制作过程中要涂敷一系列药膜层，每层药膜都将吸收一种波长的光，并（或）通过巧妙地移动将其固定到化学片基上。胶片在一系列连续的槽池中高速运转，整个运作过程非常复杂，无法在这个房间内进行。我们这个参观小组被要求对这一操作流程作出评论，我们相当快地作出反应，对串联的这个或那个工序提出修改方案。但对方告诉我们，即使对步骤 12 进行修改是有益的，但这种修改也是不可能的——因为这种改动会使序列的其余部分受到质疑。我们认为这种不可动摇的传统从短期来看是合理的，但从长远来看，却是一个可怕

① 译者注：在希腊神话中，阿里阿德涅是克里特岛国王米诺斯的女儿，她用一小团绒线帮助雅典王子忒修斯走出人身牛头怪所设下的迷宫。这里阿里阿德涅之线意指“找到一种解决的问题方法”。

的缺陷。这几天，一家年轻的亚洲公司试图打入这个市场，他们重新审视了整个生产过程，并进行了一些修改，而这些修改是我们早就提出过要这么做的。简而言之，有一天，也许很快，传统会导致一场灾难。

在《**扳手**》或《**元素周期表**》中，还体现了作者对**焦虑**的奇妙感知。兰萨晚上骑着自行车抵达实验室，要花一整晚的时间对大量物质进行精细的合成反应。他必须十分小心地将材料连续注入，保持一定的温度、压力、流动等。一旦实验发生错误，就会有石块结成，并且只能用风钻将其凿开，这可能会引起灾难性的后果，可能会导致有毒气体泄漏，也可能会产生爆炸。兰萨有条不紊地进行他的工作，他非常了解反应堆，一切都很顺利。直到临近黎明的一刻，压力信号突然变得异常，实验出现错误，并且无法挽救。在决定生死的时刻，兰萨知道他可能要把命留在这里了，不过他还有时间逃脱，但是他战胜了恐慌，冷静思考并最终找到了对策。清晨，他低调地离开了……许多化学工程师都给我讲述过（在放松或疲惫的时刻）这种令人紧张的故事。

普里莫·莱维是一位非凡的、品德高尚的插图画家。他有勇气、耐心和**观察力**。《凤尾鱼》的故事讲述了一幅绘画作品因某种难以觉察的缺陷而被搁置——主人公为此困扰了几个月，后来发现问题出在女仆身上，因为从她的抹布中飞出了一些极细微的棉絮，这才是始作俑者。

几年前，我花了很多时间与高中生和他们的老师待在一起，想要找到一些方法来恢复年轻人的观察品位，比如进行实地的植物学或地理学观察。寻求化石通常胜于长篇演讲。我想让他们懂得如何在森林中发现某种昆虫，如何捉住它（毫发无伤地），把它带回来并借助放大镜画出它的细节。普里莫·莱维笔下的主人公用双手创造的奇迹深深地打动了我。

虽然我不认识他，但我与他同为男士，对他应该还是有所了解的。我想他不是一个健谈的人，但是有着**懂得倾听**的重要天赋，就像他倾听了福松在俄罗斯感受到的孤独。我极其希望和他见面。在我看来，我们每个人都有一个朋友之外的圈子：虽然不认识这个人，但却感到与他非常亲密。在我的小圈子里，有充满激情的历史学家米歇尔；有我们这个时代的伟大理论家：理查德·费曼。我从未见过他，但是在我二十一岁的时候，他的文章开阔了我的眼界；还有像让·季奥诺这样的短篇小说作家，他住在阿尔卑斯山南部，战时，我也在那里长大；还有一位短篇小说作家普里莫，他会在炉边跟我们聊天，互相给对方讲故事，比如（我从英国同事那里听到的）英国南部某个地方一家洗涤剂工厂的故事。工厂里的产品质量突然变得不稳定、不可控。经过几个月的调查，人们有一个惊人的发现，那就是在月亮最圆的满月那天生产的表面活性剂的质量很差！在我们这个对“超自然现象”充满宗教信仰的时代，可以想象这一发现可能在公众中所引起的反响。而事实上，这一现象的原理很简单。该工厂建在离海不远的地方，并从与海岸相连的井中抽取工业生产所需的水。满月时，也就是涨大潮时，这些井水的盐度上升……我认为普里莫可以对这个故事进行发挥。

我或许也会和他讨论地窖中的爆炸事件，比如最近在诺曼底发生的爆炸，这种爆炸经常会产生严重的后果。存放大量药粉的车间中也发生过相同的事故：人们停止生产，小心地将地窖清空并清理储藏室，六个月后人们打开大门，恢复生产——而**空旷**的车间却发生了爆炸。现在，我们很容易明白事故发生的原因了。首先要注意的是：残存的微量超细粉末的浓度很低，大约为 1 克/升的量级。高中的时候，老师们正是用这些低浓度物质（氢气或其他可燃物）和空气混合，制造出了可爆炸的混合物：这种实验是很危险的，爆炸的机制相当奇怪。车间中的药粉在管道中通过气流输送，每当药粉颗粒撞到管壁上，就会带电，这种现象就像我们的橡胶鞋底在地毯上摩擦生电一样。当我们在地毯上走过时，就会产生火花。地窖的爆炸也是这种火花导致的。

说到普里莫，我想谈谈我们之间的一些差异。当他想要表达自己艺术中一个困难的元素时，就在他的书中展现一个分子的化学式，一个相当抽象的原子组合。人们需要有大量的知识才能看懂这个组合的特殊之处。这个原子组合的特殊之处在于它的制作难度，以及面对其他化学物或面对像我们的肺或肾脏一样的复杂物体时，它所具有的出人意料的潜力。在他的艺术中，合成化学家与雕塑家的艺术很相似，但他的雕像只有经过多年的研究才能理解。对我们凝聚态物理学家来说，任务更容易一点：我们有时可以通过一幅图画或者一帧简单的、大家都能接受的图像概述一个复杂现象。寻找一张好的图像就像普里莫推敲一个准确的用词一样，可能要花几年的时间。但通过图像，我们比化学家更容易沟通。

总的来说，我们都在同一阵营，也就是艰苦地、耐心地从事建设的阵营。我们羡慕那些创作更容易被公众理解的行业，比如演奏一段音乐，发明一种香水。但我们的职业特点迫使我们要向公众更多地介绍我们的工作。普里莫，他成功地获得了一个非凡的证明。希望我们的孩子们会去阅读他的作品并让其火焰一直燃烧！

第三章　反对方法论

怀疑的时代

2005 年，皮埃尔-吉勒·德热纳接受米歇尔·德·普拉坎特尔的采访，该采访被发表在《新观察者》杂志上。德热纳在采访中表达了他对世纪之交我们社会中思想和信仰的演变的担忧和疑虑。

“人们不再相信科学可以解决所有问题，维护一种声称人是造物的目标的宗教体系更加不可能。因此，当科学研究变得令人怀疑时，我们开始崇拜自然……创造论的成功，对干细胞研究的攻击：21 世纪初，科学与宗教之间的‘和平共处’是否受到了质疑？”

在最近的冲突发生前，这两个领域是分开的。我认为这仍然是一个很好的社会规则，应该让科学和宗教独立工作。不仅帝国主义来自声称地球诞生于三千年前的原教旨主义者，研究人员有时也会超越他们真正所知的范围，例如他们声称人已经被规定好了，自由意志并不存在。这种说法是具有宗教意义的。对已经被证实的真理带有偏见是很危险的。

“《时代》周刊专门出了一期来介绍所谓的‘上帝基因’和‘信仰生物学’研究。这难道不是科学研究建立在纯粹信仰之上的典型例子吗？”

这种方法很时尚，但它也提出了一些现实的问题。宗教来自哪里？它们是怎样开始的？人类是否诞生于自发的多神论阶段？在这个阶段，每个不寻常的现象都归因于具有超出常人能力的拟人化存在。这种自发的多神论会在人们遇到令人不安的境况时为我们提供帮助吗？人们可能会认为在人类历史的早期就存在着形而上学系统的提倡者。这些系统变得越来越复杂，直到出现了以唯一的上帝的思想为代表的概念性突破。上帝的思想提供了一个整体的综合，即世界的全球意义。这一演变涉及所有的人类社会，并对大脑及其功能提出了疑问。我们的知识不再允许我们捍卫一个认为人类扮演着完全独立角色的宗教体系。猴子的语言和认知能力与我们的语言和认知能力存在着质的差异，但这不足以说明人是造物的目标。我们的灵长类祖先和我们之间存在着连续性关系。将我们的人类捧得很高的人类中心论无论是在过去和未来，都不再适用。这一思想的局限性会妨碍我们的发展。宗教思想也比以前需要更多的反思，因为我们意识到，一个把人类看作最终目标的系统实在是太幼稚了。

“您对大脑研究感兴趣。这些研究是否对宗教问题有所启发？”

我们首先研究记忆的对象是什么。如果我记住了某种玫瑰的气味，三十年后，当我再闻到这种气味，就能想起这朵花的颜色、形状——物质的一个方面就足以让我回想起它的整体。我们的大脑如何产生这样的概念？是有意识地操作，还是偶然的噪声？今天我们对此仍无法确定，因此，我们也无法解答自由意志的问题。这一点很重要，因为要想建立一个强有力的宗教体系，必须在自由意志方面有确定的观念。

“与其说这是科学问题，倒不如说这是一个哲学问题吧？”

我对哲学方法及其在对形而上学的辩论中的无效果作用持怀疑态度。以先天固有和后天习得为例：直到19世纪末，人们都认为先天的能力占主导地位，但在20世纪突然发生了变化——这个时代有存在主义、有萨特等。在这两种情况下，人们的观点总是基于偏见而不是基于事实。皮亚杰[①]提出了一种理论解释，即一切都是后天习得的，最近的研究表明这种观点是错误的。如今我们知道，刚出生几天的宝宝可以从一数到三，并且具有很多能力，这并非后天习得。即使是伟大的哲学家，也有一种忽视科学数据的古老传统。笛卡儿、莱布尼茨和康德在没有真正论证的情况下驳斥了物质是由原子组成的观点。最近，支持精神分析法的“先验”思想阻碍了神经科学的迅猛发展。弗洛伊德曾经是伟大的，但一个世纪后，坚持用他的理论来试图治愈精神分裂症则是一种犯罪！

“这难道不是一种相当法国式的现象吗？”

---

① 译者注：让·皮亚杰（1896—1980）瑞士心理学家，发生认识论创始人，当代最著名的儿童心理学家，心理学界最高荣誉“爱德华·李·桑达克”奖得主。

的确，法国是一个教条主义国家。教条主义较少的新教徒国家的科学发展得更快，法国发动了1789年的大革命，而英国进行了工业革命。法国的教条主义体现在高中教学中，我们不能把公理和现在的经验相提并论。法国经济学家一直致力于制定经济计划，但他们很少经营一家企业。人们在任命一个委员会来领导一个机构时，首先要花一年的时间召集会议来确定工作规则！而一个英国委员会则会先解决一个明确的问题，然后对自己的行动进行重新评估。法国更强调原则而不是行动，而英国人的做法更加务实，更多地遵守法律原则，而非遵循伟大的定律。

“宗教历史能否解释这些差异？”

1685年，南特法令的撤销使我们付出了沉重的代价。它使法国失去了一种有益的二元论。而英国经历了事实上的二元论。最初，因为某件宫廷轶事，亨利八世与教皇决裂，起因是他有太多妻子，而结果是他的女儿伊丽莎白一世建立了一个新的国教，也就是英国国教。她任命坎特伯雷·马修·帕克为大主教。他是一位伟大的学识渊博的学者，对路德主义和加尔文主义都非常了解。他建立了一座神奇的图书馆，在如今的剑桥科珀斯克里斯蒂学院仍然可以欣赏这座图书馆。尽管如此，法国的制度精神并不局限于宗教。

“你如何看待20世纪的转折？它是否标志着确定性的崩溃？”

我不喜欢确定性这个词，我更喜欢物理学家理查德·费曼的话：“理论是最好的猜测”。在物理学中，20世纪初以一场革命为标志，产生了相对论和量子力学。然而，这并未改变科学及其目标的整体现状。从巴斯德到居里，从朗之万到佩兰，有一群学者认为科学能够解决所有问题，并带来社会的平衡。这种信念直到最近才彻底崩溃。从知识的角度来看，相对论和量子力学是知识的转折点，而不是科学视野的破裂。尤其是从公众的角度来看，它们导致了广岛的灾难；对于科学家来说，科学在任何时代都会带来巨大的变化，比如火，弓箭，还有诺贝尔的发明……1914年的战争与广岛的爆炸一样是一个破裂的时刻。科学的模糊性和科学可能产生的破坏性用途联系在一起，这种模糊性一直存在。今天，广岛事件和博帕尔的工业灾难引起了一场反对科学的运动。但战争中使用的毒气和火炮却造成了更多的死亡。

“为什么我们有一种生活在恐慌和怀疑的时代的感觉？”

我们的社会比以前更加受到保护，但也更加可怕。媒体的发展与焦虑的增加有关。起初对我来说这似乎很自然，但焦虑的增加却导致了无缘由的慌乱。人们不接受转基因食品，尽管没有任何证据表明转基因食品是有害的。人们拒绝接种疫苗，因为有些疫苗带有少许风险，相反，人们愿意承担不接种疫苗所导致的更大的风险！人们抗拒避孕药，却容忍大量的堕胎事件。我认为这些矛盾和不一致归因于一种宗教态度。目前风行西方的宗教是自然宗教……

西方的幻影

这篇简短有力的文章在 2005 年发表于阿尔萨斯的讽刺杂志《托尼克》。文章表达了皮埃尔–吉勒·德热纳对西方社会及其与科学的苦恼关系的看法。这种苦恼关系来自科学既是人们的希望，同时人们又抗拒着科学。在本文中德热纳还谴责了那些针对环境问题的幼稚推论。

我们的祖先努力地工作，亲手建造了铁路、公路，并在 19 世纪建立了钢铁厂，他们生活在进步的信念中。在儒勒·凡尔纳那个时代，兴起的信念是科学的宗教。通过这种科学的宗教，人类得到了解放。但这一信条没有持续很久。从 20 世纪 20 年代起，一位认真的历史学家儒勒·艾萨克[①]就写了一篇名为“杀人的科学”（关于战斗中使用的有毒气体）的诽谤性文章。后来核武器诞生了：它们无疑保护了西方不受苏联入侵，但它们也引起了恐慌。

我们忘记了科学为我们做了什么。我父亲五十岁时因心脏病去世。今天，同样的疾病可以在几个月内得到控制。就我自己而言，如果没有可以抵抗哮喘的支气管扩张药，二十年前我就离开这个世界了。但人们倾向于将这些科研成果看成只不过是普通的社会福利。

21 世纪西方真正的宗教是自然宗教。所有自然的东西都是好的。所有科研产品都是可疑的。起初，这种观点论据充分：我们污染了许多地

① 儒勒·艾萨克（1877—1963），与阿尔伯特·马雷特一起编写了高中历史教科书《马雷特和艾萨克》。

方，我们愚蠢地燃烧如石油等提炼物质。对自然的崇拜也确实值得我们牢记：我们的祖父母大多生活在农村。他们了解植物、动物和天气状况。他们知道如何观察，儒勒·费里的学校为这种实践教育提供了有用的理论作为补充。但今天世界变了：西方人多数生活在城市中，他们失去了实践感，他们（有意识或无意识地）缺少了大自然。

因此，一种强大、简单、不妥协的“自然宗教”出现了，也由此产生了可怕的过激行为：例如人们拒绝一些必要的疫苗（如乙型肝炎疫苗），这种做法可能会危及我们孩子的未来。或是人们拒绝食品卫生：我们在超市购买优质肉制品，但其中仍然含有可怕的微生物（沙门氏菌，李斯特菌）。将肉放在伽马射线中就可以很容易杀死这些微生物，且不会对肉造成任何损害（伽马光子不会产生放射性）。一些公司已经提出这种处理方法，但公众却拒绝接受，因为他们认为辐射是绝对有害的。在美国，这种纯粹的心理上的抗拒会付出多少代价？每年大约有三十万人住院，近五千人死亡！自然宗教能杀人。

幻影。我们很难找到问题的真正所在。在这个出生率飞速增长的世界谈论生态是一种本末倒置的行为。第三世界需要越来越多的能源：它们将不惜一切代价去生产能源，哪怕是造成生态灾难。然而唯一公认的阻止出生率飞速增长的方法（不包括大屠杀）就是提高生活水平。这里也是一样，我们需要创新，通过创新才能找到更加质朴、更加强有力、更加适合实际问题的解决方法。

两个野心。首先，更好地向我们国家的学生们（和成年人）告知：推行一种“**常识教育**”。然后，不仅仅在我们国家，还要在全球互助中使用这些常识。如果我们的青年行动起来，未来就会有希望。

反对方法论

这是在皮埃尔-吉勒·德热纳的档案袋里找到的文本。这篇文章或许已经发表，但我们不确定它发表于何时何地。因此，这是一个将文章重现的好机会！

法国诗人布瓦洛的作品超越了诗的艺术。几个世纪以来，哲学和神学在为科学提供帮助之前，首先阻碍了科学的发展。即便在今天，**方法论**也是一种危险。因为从标题就可以看出，它确定了确立方法者的一种态度。而这种态度本身就妨碍了科学研究。

当然，我们可以确定一个更小的目标。如果一个充满好奇心的学生来看我，问我一些关于科学的事。我应该给他什么建议，才能既不影响他的想象力，又能帮他进入这个主题？我们可能会就以下做法达成一致：

——发现一种现象（贝可勒尔看到他的照片底板在靠近铀盐的时候变黑了）。

——进行定量研究（居里夫妇用静电计测量“放射性”物体发出的电荷）。

——简化为一个方案（如孟德尔的遗传学定律）。

——“理解”一种机制，也就是说，将其简化为一些更一般的原则。对现象的解释必须简洁：想要知道这种解释是否恰当，主要是看学生能不能记得住。如果这种解释太复杂、有太多的人为因素、有太多可调整的参数，那么学生就很容易遗忘。对现象的解释也必须是预测性的，能让人联想到其他实验和其他材料。

——评估已经观察到、测量到和（可能）理解的内容。不要天真地以为在行动前必须理解一切！大约在1839年，古德伊尔发明了橡胶的硫化；近一百年后，高分子化学家才能够对这种硫化作出解释；幸运的是，在没能理解硫化的原理的情况下，我们仍制造出了轮胎和雨衣。

如果我们的目标基本一致，那么让我们来看看需求吧：我们应该鼓励初学者发展哪些才能？首先，我要指出**观察**的意义，不幸的是，这种意义正在消失。我们在几乎没有动物生活、没有蔬菜种植的城市里长大，我们在电视机前长大。

通过电视，我们具备了全球视野，但我们无法去寻找弗泽莱[①]建筑上的柱头或一片柳叶的细节。我们在电脑前长大，“家庭电脑大革命”让我们的孩子不用去咖啡馆就可以玩**电动弹球**。因此，如果孩子们没有看世界的能力，请不要感到惊讶。

观察过后，要具备一些**常识**：在我们观察到的现象中，哪些是重要的？哪些是次要的、冗余的、无用的？如何在最简单的状态下看到它？

① 译者注：弗泽莱位于法国中北部，是勃艮第地区的一个小镇，整个小镇坐落在山头，有著名的弗泽莱隐修院，以其勃艮第罗马式雕刻著称，1979年，弗泽莱被列入世界遗产名录。

如何在不使用过度的手段的前提下来准确地测量它？在我们这个时代，可以利用、可以选择的方法太多了。我喜欢回忆一下富兰克林的实验：他看到油在水面上铺展得很开，于是往池塘里倒入 1 分克的油，并发现这 1 分克的油可以覆盖 100 平方米的池塘表面，从而推断出了油膜的厚度，也就是它的分子大小（直径 10^{-7} 厘米）。他在 18 世纪做成了这个实验，而且没有借助任何大的机器！

然后是**理解**。这里仍然是，危险！当学生们第一次进入实验室中，面对一个新的现象时，会惊慌地问道："我应该用哪个定理？"。所有以现代数学为标志的法国教育都鼓励他们这样做。事实上，所谓的定理并不能帮助我们创立遗传学。

III 启发者

PG 33

皮埃尔-吉勒·德热纳是一个有思想也有信念的人，本书的最后一部分就能证明这一点。我们在此可以听到他获得诺贝尔奖而成为公众人物后的声音。在各类观众面前发表的演讲，不管是面对总统、部长、学者、工程师学员或高中生，他都用强烈而坚定的话语表达了对自己所关心和了解的主题的看法，包括教育、科研、工业和创新等方面。他从自己的个人经历中为这些文章提炼出非常具体的材料，这些思考性的文章常常很严厉，当然，也穿插着一些趣闻逸事和深刻的幽默。

第一章 教 育

在索邦大学的演讲

1992年2月11日，皮埃尔-吉勒·德热纳在索邦大学举行的典礼中发表了这篇演讲。该典礼由教育部部长利昂内尔·若斯潘组织，旨在向诺贝尔奖致敬。德热纳当时身处媒体的旋涡中，在一所又一所的高中进行演讲，以教育为主要关注点。在“管理者”面前，他表达了自己对法国大学教育的悲观认识，并提出了一些改善高等教育的方法。

部长们，校长女士，我所有的朋友们，

我今天很高兴和你们谈话。感谢你们的到来。我也担心因为种种原因，你们可能会对我的谈话感到失望。首先是因为我刚才和维克托·杜鲁伊高中的年青人聊了一个半小时，我有点失声了。

人们让我谈谈教育问题。我试着对这个问题进行了思考，而得出的结论非常遗憾，是悲观的。我知道自己属于被宠坏的一代人。我在1948年进入高中结业班，在高中时我遇到了很多优秀的老师——很遗憾他们中的大多数已经离开了我们。然后我进入了一个相当特殊的预备班（可惜这个班级已经被取消了），它叫作NSE（普通实验科学班）。在那里，人们教授生物学、化学和物理学。在高等师范学院，我有机会接触到三种很不相同但都是有益的思想态度。首先是伊夫·罗卡尔的思想，他无所不知，务实风趣；阿尔弗雷德·卡斯特勒的思想是有见识的，基础性的；最后是皮埃尔·埃格兰（他今天在场），他充满想象力，像一股旋风般既教我们做实验，又教给我们理论。我们有时会惊讶自己竟能从这股旋风中活着出来，不过这些有着独到见解的人给我们的教育也是最基础的。

胡奇斯学校[1]是另一个教学创举。我经常说，我们这些物理学家，应

[1] 1951年在萨瓦省上霍赫建立的理论物理暑期学校，教过世界上最杰出的物理学家。

该感谢一位勇敢的年轻女士的创举，她成功地建立了这个暑期学校并使其成为了一个有名望的文化家园，我非常感谢塞西尔·德维特女士。我最后的学习阶段是在萨克莱的法国原子能委员会进行的，不久以后我进入了这个机构。那里有一些杰出的研究人员，他们基本都在国外接受过教育，但还是及时回来指导我们这些被宠坏的一代。这里的老师们，包括艾伯特·弥赛亚、安纳托尔·阿布拉同姆、克劳德·布洛赫，他们真正塑造了未来的物理学研究。和几年前来的既没有书也没有老师的那些人相比，我受到这么好的教育，我为此而激动。我们这一代人真正有巨大的机会。

最后，我对于谈论教育其实是有点尴尬的，因为我几乎没有对大学中的热点问题做过研究。我在博士学校轻松地教学，周围都是一些精心选拔出来的学生。然后，在法兰西公学院，我遇到了各种各样的听众，这些听众有着不同的特点，但他们总是很有热情。

如何在这些条件下进行思考？尽管存在这些缺点，但我认为提出一些我所担忧的地方仍然是有用的。我们的学生在高中毕业考试后，会有这些选择：（1）技术教育：大学科技学院、高级技师文凭或其他学校，我在此不做赘述，因为我对它们也不太了解；（2）学院教育，这是这个年龄组大约30%的学生的选择；（3）工程师学校，相当于占20%。大学院系不断进行改革；同时，正在进行的大学第一阶段文凭的改革也引发了激烈的讨论，而我不想在这里参与其中，我宁愿思考更具普遍性的问题。反复斟酌过后，我还是要说，学术团体必须进行严肃的自我质疑，不管行政部门对它施加怎样的外部改变，它都需要进行严厉的自我批评。

在我们的大学系统中，第一个令我苦恼的方面是它那**严密的学科划分**。我很震惊地看到力学独立于物理学、材料科学和生物学之外，并且主要集中在应用数学和信息技术上。我认为这里存在严重的阻隔，但我们作为物理学家，我感觉也好不到哪里去。例如，我认为物理学家瞧不起化学，这是我们这个时代不能容忍的行为。反之亦然，我担心化学家在他们的教学中，有时会表现出对物理学的冷嘲热讽（例如在某些化学热力学教学中）。不幸的是，化学家也对物理化学的形象有所扭曲：我们曾试图与巴黎第六大学讨论这个问题，但讨论的难点在于，如何建立合理的物理、化学教学，同时使其适应工业需求。由此也可以看出，社团主义的影响仍然很大。

第二个令人沮丧的发现是，（通常）大学的教学是一种软教学。其最后的“教学”主题是考试，只要每个学生都能认真上过课，这种考试就能确保所有的学生差不多都能够通过。教师和学生之间存在真正的串通，他们一起破坏了这种教学。

另一个让人不安的问题是：尽管有一些令人高兴的例外，但大学的教师群体都远离国家的工业生活。目前，我们这些大学教学人员经常向学生们展示既模糊又过时的研究和技术的愿景。此外，尽管多年来我们的一些实验室和大公司（这些公司本身都有大型研究实验室）建立了联系，但是，我们的学术界几乎没有和那些规模更小，更具创造性、也是更脆弱的公司进行对话。

大学运行中另一个令我震惊的方面在于，在我们的校园里缺乏真正的教师招聘政策。我看到在美国的著名大学里，会实行长期的、协调一致的招聘行动，而在我们国家，我特别看到实验室的自私性，在选择新教师时，它们不是根据国家的未来需求招聘教师，而只是想要补充自己的现有团队。我还希望大学能够以这样和那样的方式摒弃这些封建行为，并更加向外界开放。大学单位是受集体管理的，并且几乎自动形成一种软管理模式，这种管理模式更多的是以关系网而不是以集体利益为基础。坦率地说，我觉得中小学的管理模式更胜一筹：学校校长不管是在改善教学、减轻课程负担，甚至删除某些课程、或开设新的课程方面，都可以作出明确的决定。这在大学是不可能的。

所有这些困难都存在于最终产品层面，即完成学业的学生，离开我们“学院”课程的人。从大学毕业的学生，如果从事科研或进入工业领域，往往都会处于困境，因为他不习惯这样的工作节奏。如果他从事教学，会变成什么样？在这里，我提出一个开放式问题。现在有一些教师培训学院开始运作，但是我得到的第一个信号就很令人担忧：这些教师培训学院的很多学生没有什么动力，即使他们的老师竭尽全力，试图给他们一点小火苗来点燃他们的斗志，我也不确定这点火苗能持续多久。几年后，我们就会看到这种状况对中学的影响。

我们的大学课程的一个主要缺点是完全不适合第三世界的学生。我们接收了很多来自第三世界的学生。如果我们想要帮助他们国家的发展，那我们提供的课程就太复杂了，这不是他们所需要的。因此，许多第三世界的学生想要留在法国；而那些选择回国的学生，经常试图将不适合发展中国家的科技形式引进到自己的国家。

总之，由于以上列出的种种原因，我对大学的专业教学方式感到困惑。对此，我有一些提议。（1）强制规定讲师和教授们花几年的时间不一定专门从事研究，也可以在工业领域中工作，这是一项有益的举措。其结果是，让他们在相当长的一段时间，比如说9个月内，真正沉浸在工业环境中。我认为他们会有显著的进步。（2）大学体系的一个缺点是，对想要获得大学普通文凭的学生们施加的心理压力太小了。他们本可以做得很好，但可能因为作业实在太少，这些学生只能保持在通过考试的水平上。而事实上，他们正在浪费生命中最美好的岁月，而没有真正获得在这个阶段应该拥有的知识。我们应该通过对学生进行个性化提问，向他们施加更大的压力。这与其他同学都在打盹，只有一名同学处于水深火热之中的教学体制完全不同。个性化提问的具体流程是，在一个小时内，有四名学生同时分坐在四张桌子旁，人们向他们提出四个问题。在他们写答案时，及时给他们一些提示（在他们陷入困境时帮他们一把）。这个提问系统建立了教师与学生的联系，同时让学生们知道自己哪个地方抓住要点了，哪个地方掌握得还不够。我深信让学生保持心理压力是预科班的积极方面。尽管当前的教育改革受到同行的批评，但在我看来，这种改革的方向是正确的，也就是减少教师主讲的授课时间，而代之以“家庭教师”之职。

我刚才提到了预科班，它给我带来一切，这让我很自然地转到下一个话题，也就是大学校。我对法国的大学校系统并不满意。我认为预科班是非常正式的、程式化的培训，例如将化学教学简化为对质量作用定律进行复杂计算。经过两年或更长时间的努力后，“数学专科班”的学生们[1]进入大学（无论是巴黎综合理工学院还是佩兹纳斯大麦糖学校）。从进入大学的那一刻起，他们的未来几乎都有了保障，但为什么他们会感到疲惫？因为这也意味着他们会进入长时间的休息。这让我感到非常震惊，即使是像巴黎综合理工学院这样的好学校，居然也出现这种情况。在我年轻的时候，坦率地讲，巴黎综合理工学院在很多领域，比如物理学，都比较薄弱。目前，得益于一项明智的政策——这项政策已经施行了15到20年——这所学校为大多数科学课题都招聘到了法国最好的教

① 理科预科班第二年被称为“数学专科班”。

师。所以，这里有很好的老师和优秀的学生。不过，这导致学生们很少具备科学或技术的使命感，因为学生们知道自己的工作不管怎样都已经被安排好了。这个问题不仅仅存在于巴黎综合理工学院，几乎在所有地方，就在学生们开始接触真正的问题和优秀的教师时，他们（或多或少地）就不再努力学习了。

这种状况与竞争选拔制度有关。竞争通常被认为是民主的重要组成部分，是一项公平的选择。我不确信这是唯一的公平选拔形式。令我感到震惊的是，在德国、英国和美国，居然没有竞争。并且在这些国家，我没有看到任何公然的不公正现象。在我看来，英国人在高中毕业后的选拔方式与我们的选拔方式同样公平。我们通过竞争来进行选拔的方式有很多缺陷。有个定理这样说："每次开展科学学科竞赛时，这场比赛都会变成数学竞赛。"我对数学最有感情，但我确信数学不是所有科学活动的有效试金石。竞赛机构使比赛程序僵化了。我看到一个在医学教育中的特定例子：竞赛选拔机构用了一年时间将比赛形式固定了，学生们（之前生活在一种随意的教育中，教授们根据自己的爱好选择了一些自己认为是重要的课程）突然开始做同样的数学练习（我几乎不敢说是数学，而应该是超出教学范围之外的数学），并且他们完全不做别的事情。竞争选拔忽略了学生们的基本能力，尤其是他们的观察能力和动手能力。再则，这样做的后果是，离开教学系统的学生们与现实脱节，并倾向于从事如管理、信息技术等这些类型的活动。我们的学生常常只有在面对报告或面对电脑屏幕时才感到自在。

我提出的改进意见是什么呢？在我看来，我们可以考虑这几个步骤。第一步，也是我们最近正在讨论的，就是对预科班进行部分改革。我们打算开设一些更加具有实验特征的物理-化学课程。我认为这个想法很有意思。但这是一个非常有限的改进，它不能消除竞争精神带来的问题，以及过度强调数学的问题。这项举措也不能改变学生们进入大学后就放松努力的现状。第二步我认为很必要，就是开设一些规模较大的课程，即"物理-化学-生物学"三重课程。通过与弗朗索瓦·雅各布以及与其他人已经进行了很久的讨论，我坚信生物学是所有科学家的文化基础，即使他以后并不从事生物学研究。年轻人应该学习分子生物学，他们也应该对现实世界有全面的认识。即使是对工程师而言，这个全面认识也非常重要，这是对大自然丰富想象力的第一次观察。我没有想要进行重大的系统性改革，而是更倾向于进行教学实验。比如在巴黎地区，开设十几个物理-化学-生物学试点课程，由一些有诚意的教师，我相信可以找到，进行授课，并与用人单位合作制定一些授课计划。在巴黎地区开设十几个这种课程，在外省设立十几个：我们可能会有所收获。

从长远来看，确实存在如何调整甚至取消竞争的问题。我们必须考虑这个问题。或许我们需要保留笔试类型的选拔考试，以确保大家学到了一些基础知识。笔试是一种基本的筛选考试。之后，一切都要通过口头讨论的方式进行。在这里，克劳德·阿莱格尔提出了一个我认为很有趣的想法：每个学生确定一到两个自己感兴趣的课题，并且只考这几个课题的内容。我们将更多地对他选择职业的志向进行评判，较少根据他的全部知识来评判他。另一种方法是采访，其有效性在哈佛大学和斯坦福大学得到了证实。虽然这种方式很难掌控，并且需要花费很多时间，但我确信这是一种有效的选拔方式。

在提出所有这些批评之后，我们还没有谈到根本的问题。我们面临着一个更加全球性的问题。让我们回到问题的根源：我们的孩子在进入高中后缺乏动力，因此，当他们进入大学后，由于高等教育的功能有所变化，所以他们会遇到困难。目前在法国，存在一个学生阶层，这个词语是有政治意义的。正是在 1968 年，法国的学生阶层第一次展示出力量[①]，无论是在经济上还是在政治上，它都构成了一个巨大的压力群体。但是这种力量掌握在年轻的消费者和选民手中，既然在我们的体系中，他们没有步入职场，所以他们还没有真正成熟。为了纠正这个问题，我们还有很多工作要做。在高中阶段（我刚才跟维克托·杜鲁伊高中的学生们谈到过），所有年轻人都应该在车库（或类似的地方）工作几个月，正确地做一些精细的手工劳动，通过与真正的职业技术人员建立联系，学会尊重别人，并且建立与客户（或多或少）的关系，在这种培训中，可以重现做得好的感觉，而这种感觉在我们这个时代并没有非常被看重。我们从农村文明走向了城市文明。当我们大多数人在农村长大时，我们真正接触过各种类型的体力劳动和手工劳动。如今，所有这一切都

① 译者注：1968 年 5 月，在法国巴黎所爆发的法国学生运动，又称为“五月风暴”。整个过程，由学生运动开始，继而演变成整个社会的危机，最后甚至导致政治危机。

已经消失了，我们必须找到替代品。

出色地完成工作在我看来是我们社会的一个重要目标。人们说我们正在迈向休闲的文明，这或许是真的。与第三世界的必要团结不允许我们太过闲散。但如果我们想要花更少的时间在工作上，就必须保证做到更加无可指摘。我很喜欢克劳德・李维-斯特劳斯①的一篇关于绘画艺术的文章，这篇文章叫作《迷失的职业》。他在文中讲述了某些放任所带来的危险。幼儿园的儿童（A）画了一幅非常漂亮的画，而另一个儿童（B）画得马马虎虎。为了不伤害到儿童（B），老师就说“这两幅画都很好”。通常，老师不会强迫（B）修改他那幅草率完成的画作，并且（B）渐渐地会认为自己即便非常懒散，也可以生活得很好。相较之下，日本的学校至少会花七年时间，严格培养孩子们的个性。这就是日本和欧洲之间的差异所在。

最后，我们自然会谈谈教育领域之外的问题。我们西方社会的一个主要问题是，我们为年轻人树立的看得见的目标是很平庸的目标，是很舒适的或娱乐性的目标。我们首先应该确定那些激发集体动力的社会轴心。我知道有两个社会轴心：第一个基于贾克・莫诺②捍卫甚至重建的知识伦理；第二个是围绕全球团结。很明显，如果我们不能让团结成为年轻一代人的火炬，三十年内，世界将陷入全球冲突，人类将失去一切。

事实上，这两个社会轴心有某些共同点。我们可以通过科研、技术和教育共同体为南北团结运动作出贡献。这也让我回到之前提到的一个问题：我确信需要从国际层面对教育制度彻底重新思考。如果这个问题得到解决的话，我们不仅可以帮助发展中国家，而且我们也许能够确定一种信息，以帮助大家共同生存。

我言尽于此。虽然我发表的只是一些零碎的、初步的、悲观的言论，但我认为，今天我有必要在教育管理人员面前提出这些问题。

---

① 译者注：克洛德・李维-斯特劳斯（1908—2009），法国作家、哲学家、人类学家，结构主义人类学创始人和法国西科学院院士，是国际公认的最有权威的人类学家。

② 译者注：贾克・莫诺（1910 年－1976），法国生物学家，他与方斯华・贾克柏共同发现了蛋白质在转录作用中所扮演的调节角色，也就是后来著名的乳糖操纵组，两人因此与安德列・利沃夫共同获得了 1965 年的诺贝尔生理学或医学奖。

塞西尔的忧郁眼神

本文是皮埃尔-吉勒·德热纳在2001年胡奇斯暑期学校（The Physics School of Les Houches）成立50周年之际，为塞西尔·德维特的留言簿所写的一篇文章。

20世纪50年代的学校是一个供沙漠旅行队休息的商旅客栈，这里有十字路口和简易的避难所。这里没有骆驼，但有很多学者——让· 弗朗索瓦和玛丽-西蒙·德托乌夫指导、培养、引领着他们。我们这些学生们、孩子们都在看着书中的英雄们。我们聚精会神地倾听着泡利的德尔菲神谕和肖克利教给我们的常识。我们听塞西尔的话，但我们对她所做的艰巨的工作一无所知：学校是如何坚持不懈地发展；落后的政府如何在一个年轻女子坚强的忧郁眼神中败下阵来；如何说服歌唱天后在雨中唱歌。我要向塞西尔、向布莱斯、向所有帮助过他们的人致谢。

学生家长的希望和失望

这篇演讲于1998年2月在《世界报》发表。

我的许多儿女和孙子孙女正在小学、初中或高中和“卡夫丁峡谷”①作斗争。与此同时，我们对学校的教学目标、方法和手段有很多激烈的争议。学校炫耀的伟大原则与孩子们的日常生活之间存在着巨大的鸿沟。我想在这里谦逊地提出几个问题！尽管我从未在这些程度的学校中任教，但近几年我在200多所高中和大学里发表演讲，所以我至少知道教学工作的难度。

让我们面对现实。我们的孩子生活在一个两极的世界：一方面是现实生活，有足球、有斗殴；另一方面是电视或电脑屏幕前的生活。然而，他们应该知道如何表达、观察、操作和思考。

① 译者注：“卡夫丁峡谷”典故出自古罗马史。公元前 321年，萨姆尼特人在古罗马卡夫丁城附近的卡夫丁峡谷击败了罗马军队，并迫使罗马战俘从峡谷中用长矛架起的形似城门的“牛轭”下通过，借以羞辱战败军队。后来，人们就以“卡夫丁峡谷”来比喻灾难性的历史经历，并可以引申为人们在谋求发展时所遇到的极大的困难和挑战。

他们应该学会如何用书面和口头的方式表达自己。为什么面向初中生的讲座这么少？为什么在美国，高中结束时要进行演讲比赛，而在我们国家却没有？我看到一个初中三年级的（倔强）男孩必须在一个小说的章节中找到**预述！**事实上，他根本不能对这个章节的内容进行简单的口头介绍，找到预述又有什么用呢？我经常跟我那些年龄较大的学生们反复强调，不管他们从事科学、经济或甚至是文学的工作，评判他们的关键测试如下：在十分钟内，在一些急促而疲倦的听众面前，用一两页透明纸[①]将一年的计划或活动进行总结，要懂得提取出主要内容，并让听众看明白！另外，在我们欧洲，难度较大的练习通常必须使用英语来做，这也是高中教学的目标之一。要做到这一点很难，但也不是完全不可能，而且也并不是非要现在就要做到。

观察。在 19 世纪，学校认为需要培养年轻人的抽象思维。这些年轻人几乎都来自农村，他们具备真正的观察意识。在 20 世纪，人们过着城市生活，很少有机会观察世界，而教学本身也越来越抽象。为什么不带学生们去更多地观察植物，去寻找化石呢？花在去伦敦或维也纳学校访问的钱（学生们从中几乎什么都学不到）还不如用来带领他们去观察鸟类；或者用来带领他们在很小的试管中做最简单的化学实验，教他们如何进行实验操作和避免事故。我对此充满希望：教育计划委员会也会对此进行深刻思考。

操作。我经常说，在孩子们 15 岁时，应该给他们的一个重要培训就是让他们去车库工作，学习机械知识，也学会处理人际关系。但人们告诉我，从法律上来看，这一设想是不可能对未成年人实施的。那么，至少，我们为什么不在传统高中设立与机械相关的活动呢？我们的年轻人可以学习使用锯子、使用车床，这对他们是有好处的。而且这也并不需要什么复杂的机器：借助陶车（几乎没有危险性），学生们会学着用手工作！

思考。大家都说信息技术将有助于人们获取更多知识，真是太天真了！我自己就跟玛德莱娜·维西耶在一起，她制作了一张介绍软物质的光盘。我看到其中有许多缺点：我们从中接触到一些实验（虚拟的！）和一些知识，但这些都是游戏。利用我们的光盘认真学习软物质的基本概念是一件希望渺茫的事。阅读屏幕上的内容，我们就没办法做笔记（当

---

① 透明纸：过去用来放映文本的透明塑料纸。德热纳的公开演讲所使用的透明纸被保存在巴黎高等物理化工学院的皮埃尔-吉勒·德热纳馆中。

前我们高中教学的一个优点就是培养学生做笔记的能力），不过这是一个更加广泛的问题。我在这里借用罗伯特·雷德克[①]的一句话："与其浪费学习时间、娱乐时间、空闲时间，让自己被比尔·盖茨的思想所驯服，还不如花时间去深入了解爱伦坡的短篇小说中的主人公贝蕾妮丝所遭遇的痛苦呢。"

然而对信息科学进行批评是没有用的：信息技术有它的优缺点，但它将无所不在。如果不希望自己的孩子成为虚拟世界的囚徒，请尝试在高中开办足够的活动，其中就包括开展体育活动，让孩子们活在现实世界中，来平衡他们的生活。为什么我们的大学不像美国那样为有才能的运动员提供奖学金？面对职业体育及其弱点，我们为什么没有高水平的、健康的、并在媒体中有良好代表性的大学体育队伍？

人们说克劳德·阿雷格将进入一所"轻松的"高中（在我看来，这绝对与他的思想不符)。但是更确切地说，让我们来看看**当前的**初中和高中，并且不要把它们的缺点隐藏在我刚才提到的所有要点上。我们还认识到学校的老师对现代生活知之甚少，学生们更多的是接受说教，而不是学习真正的文化。当前的教育计划委员会提出的一个想法让我充满了希望：让老师们拥有几年的放松时间，在此期间，他们可以看看**别的东西**，例如了解商业或工业。

最后，我有一个疯狂的梦想：如今，我们非常困难地试图建立一些新兴的创新企业的孵化器。根据一部正在拟定的法律，教育部部长可以鼓励这项努力，但启动这项工作仍然很艰难。由于缺乏劳动力（太过昂贵)，公司里的一个年轻人最初要身兼技术、市场和管理三项职能。如果我们的一些教师被派遣到这些公司做六个月或一年的助理，就能为公司提供帮助。同时，他们自己也可以从中发现另一种文化。

我在这里做了很多天真的美梦。我们是否有希望看到这些美梦成真？此时我们处于关键时刻，教育部长的坦诚（受欢迎的）和愚蠢（众所周知的）引起了强烈的反响，这些反响由于受到异常数量的虚假噪声的传播而骤然放大。但我仍然坚信，在每个教学问题上，基层的教师们和教育部长的思想基本上是相同的。很长时间以来，事情第一次可能会出现转机，对此，我满怀希望。

---

① 法国哲学家，生于1954年。

第二章　怀　　疑

怀疑的世纪

这篇言简意赅的文章写于1994年，是对博达斯出版社出版的十卷本**《百科全书》**的介绍。皮埃尔-吉勒·德热纳在此以一种令人惊讶的方式对启蒙运动时期和当今时代进行了对比。

《百科全书》是启蒙时代最美好的产物。出现在20世纪末的新版百科全书，在我看来，是怀疑世纪的产物。两者之间有明显的相似之处：首先是它们的来源。18世纪在建立了一个强大的国家后，迎来了法国世纪，这个国家受到有征服欲的宗教的支持。20世纪末，我们见证了西方的民主国家以和平方式战胜了一个强大的对手。它们的制度长期依赖于一个技术进步的宗教，并希望科技的进步能够解决重大的社会问题。

但是，很快，在这些巨大的成功过后，我们看到建筑物本身崩塌了。1780年，路易十六原则上拥有绝对权力；但事实上，他根本没有。1980年，美国原则上利用其技术和军队成为了世界的主人；但事实上，他们无法从根本上掌控一个平庸的独裁者的命运，并且他们被世界上四分之三的人类所憎恨。1980年，技术进步似乎突然缺乏连续性的计划[1]。

经济陷入停滞是崩溃的警告信号之一：路易十六寄希望于杜尔哥①和内克尔②等人，他试图进行徒劳的改革，但这些改革很快被利益集团阻止了。目前，西方社会在一个体系中固化了两个阶级：即有长期工作的人和没有工作的人。很明显，说到底，我们应该重新考虑工作共享问题。但是，一个国家想要单独进行这样的尝试，会破坏与邻国的经济竞争，

---

① 译者注：安·杜尔哥（1721—1781），是法国政治家和经济学家。曾任索邦神学院院士，后从政，曾任海军大臣、财政大臣。

② 译者注：雅克·内克尔（1732—1804），法国路易十六的财政总监与银行家。

因此肯定会失败。在当代，社会的停滞问题只能通过全球方案解决。

面对一个无能为力的社会体系，启蒙运动的哲学家们或多或少地反复探索，产生、引导、宣传新的思想，也就是自由和平等的思想，这些思想很好地满足了法国人的潜在需求。有趣的是，看看这些新思想是如何在20世纪末进行转变的。法国人的潜在需求似乎被**宗派精神**所支配：例如，反对欧洲；反对全球性的解决方案；强调男女之间的性别差异……

当然，新的哲学思想在此背景下诞生了。最具特色的例子大概就是美国大学宣传的“政治正确”运动。我们将看到一个以这个运动为代表的新雅各宾主义。它们带来了同样的威胁，包括言论的专制、奢望表达所有人的意愿、宗派主义、内部冲突、对阴谋的痴迷。我们可以避免这场理论家的革命吗？毕竟，在18世纪，这种情况发生在法国，而不是在英国。我们如今生活在一个盎格鲁撒克逊的世界：也许它会进化而不需要新的罗伯斯庇尔①？

我个人认为这需要一种**新的大众文化**：在过去的两年里，我经常去高中访问。几年后，这些高中生们也会成为选民。我常常对他们将要作出的，对于经济、环境、与第三世界的关系等方面的重大决定感到担心。这些决定需要一些常识教育：要有数量级的概念；要对过去有所了解，以免重复犯同样的错误；也要对未来有所思考。我认为的知识水平是适度的、实用的，也是必不可少的。如果没有这种文化，我们的孩子将以一种无规律的方式为所谓的民主国家的未来作出重大抉择——而实际上，这些选择是利益集团和媒体提供的。

但是对于这些基础文化，如果需要的话，传统学校的教育是不够的。学校也陷入了停滞；在对教师培训时，由于强调“说教性”的作用，老师们只对教学的功能进行思考，却没有真正学习应该教授的东西；在教学课题的选择上：就像军队总是在战后才抵达，教师们总是落后于理论的发展。直到精神分析法（或现代数学）开始过时的时候，教师们才发现它们的作用。

所以，除了接受不完善的学校教育外，我们应该还需要其他的教学方式，比如**学徒制**，但是这种方式在法国太有限了[2]。又比如平行教育：就在这里，我们重新找到了**《百科全书》**。在我们的孩子手中，有什么比

① 译者注：马克西米连·罗伯斯庇尔（1758—1794），法国革命家，法国大革命时期重要的领袖人物，是雅各宾派政府的实际首脑之一。

这本书更能激发思考和文化的要素呢？我希望这本书获得它应有的一切成功，这也是我们所需要的。

参考文献

[1] J. de Noblet，《Avant-propos》，J. J. Corn（dir.），*in Rêves de futur*，Éditions CRCT，1993.

[2] C. Cambon，P. Butor，*La Bataille de l'apprentissage. Une réponse au chômage des jeunes*，Descartes & Cie，1993.

关于科学、工业和教育的一些思考

这篇文章的英文原文发表于《巴西科学院年鉴》。1999 年 11 月，在奥赛博物馆举行的接待乔治·W.布什的活动上，皮埃尔-吉勒·德热纳发表了这篇演讲。在新千年来临之际，德热纳简要总结了 20 世纪科学技术的发展及其教学的进步，同时提出了未来的发展道路。

本世纪的重大革命

一百年前，一位伟大的法国作家阿纳托尔·法郎士[①]被问及他对未来的感受时，机智地回答道，“我的梦想是能够阅读生活在 2000 年的小学生们的读物。”2000 年即将到来，我们可以问自己：我们能够向阿纳托尔·法郎士展示什么？我们应该向阿纳托尔·法郎士展示什么？

20 世纪经历了技术革命，带来了电视机、航空运输以及所有为西方社会的生活提供舒适方便的设备，但这场革命对其他地方的影响要小得多。更深入地说，我们经历了两次概念革命。首先是我们对物理世界的认识，从原子到恒星，我们几乎能够对每个层面都进行精确而有效的描述，唯一的（但深刻的）缺陷是我们对宇宙起源的了解还不足。第二次概念革命发生在分子生物学。我们现在知道如何准确有效地描述从细菌到人类的生命过程，唯一（但深刻的）的缺陷也是关于起源问题：也就是海洋中“原生汤”的经典形象，核苷酸和肽在此排列起来实现自组织

① 译者注：阿纳托尔·法朗士（1844—1924），法国作家、文学评论家、社会活动家，1921 年诺贝尔文学奖得主。

（通过确定一定的手性），但这种说法还不能真正令人信服。

因此，本世纪发生了两次重大革命，但也有一场历史革命：十年前，我们第一次目睹了一场没有任何战争的重大冲突（东西方对抗）的结束——当然，这也给我们留下了上百个未解决的问题。然而，柏林墙的倒塌标志着历史的一个里程碑。

在某种程度上，我们可以自豪地阅读我们的教科书，书中介绍了人类的进步。但是，众所周知，这些进步并不是一个明确的结论。在这些书中，我们的未来仍然是隐秘的和不确定的。这种不确定性具有不同的形式：出生率、物质资源、南北冲突、新旧意识形态。在这里我只集中讨论与我的工作有关的两个方面，即工业和科学活动。

阿纳托尔·法郎士和居斯塔夫·埃菲尔以及托马斯·爱迪生等伟大发明家处于同一个时代。他几乎猜到了 20 世纪的工业大发展，其中有几家大公司为我们的日常生活带来了电力、化学、运输、通信或电脑。这些集团塑造了 20 世纪。但它们现在正面临着一个根本性的变化，即为了当下的利益而放弃长期研究。我们从中看到了经济因素带来的后果，这些经济因素主要与股东施加的压力有关：股东只对短期利益感兴趣，这种现状产生了严重的后果。例如，石油公司拥有制定下个世纪能源计划的知识和物质手段，但它们却放弃了这个想法。

在美国：什么是好的，什么是不好的

从这个角度来看，来自美国的例子，无论是成功的还是失败的，都特别令人感兴趣。小型高科技公司的创立是对抗大工业集团在科学上衰落的一个重大变革。这些小公司可以让人们进行长远的思考。不幸的是，我们欧洲在这方面不是很有成效。我们正在失去一些最聪明的年轻人，他们移居到了 128 号公路或硅谷。在过去五年中，超过五十名数值计算的专家离开了法国。

然而，美国在科学和技术的组织上也存在一些严重问题，其中最明显之一就是其**极端的管理方式**。我在巴黎市高等工业物理和化学学院担任院长，在那里我看到了这样一个例子。我们的一个研究团队发明了一种巧妙的设备来控制新生儿的心率，而不需要连接任何探头到婴儿身上，其原理是利用一种特殊的呢绒，将机械压力转化为电信号。这一发

明对承受着婴儿猝死综合征风险的家庭来说意义重大。这个设备本来是要在美国投入生产，但由于法律上的原因却被禁止了。美国方面认为，如果有一名儿童在这种设备上死亡，生产这种设备的企业就将被起诉，不论孩子的死因是什么，法庭都会判定企业承担责任。这种设备最终没有上市，成千上万焦急等待的家庭不得不继续使用旧的、强制性的心率监控系统——所有这些都是因为法律条款所致。

青年的斗志松懈

当代青年对社会活动和科学缺少兴趣。这种情况在美国是显而易见的，大部分理科学生都是刚刚移民过来的，而不是当地培养出来的。我们看到欧洲的情况也是一样。导致这一现状的原因有很多。我首先要提到一项美国发明，这种思维模式叫作“政治正确”。它从根本上反对科学，其信徒声称科学是“亵渎大自然”。这种思想从大学的非科学专业传播到学生和高中教师群体，后来又传播给我们的孩子。在欧洲，这种思潮虽然影响不大，但也是存在的。

年轻一代产生怀疑的另一个原因是新技术带来的有害后果，如武器或污染。然而，制造或不制造武器是由政治决定，而不是由科学家决定。增加或减少污染是一项经济决策。相反，所有治理污染的项目都需要大量的科学投入。让我举一个我多年来感兴趣的例子：油漆。通常，人们使用液体涂料在墙壁上涂漆。液体涂料含有有机溶剂，涂刷过后会蒸发，留下含有色素和添加剂的牢固的固体薄膜。但溶剂的蒸气是有毒的，因此，我们必须使用跟孩子们的水彩中一样的水性涂料，这些涂料还要有防水性！这是一个艰巨的问题，需要进行大量的科学研究。更广泛地说，我们必须让孩子们相信，许多环境问题可以通过耐心的研究工作得到解决；同时我们也要说服他们的老师去相信这一点。

21 世纪科学的努力会带来什么？让我们回顾一下，20 世纪上半叶见证了化学的迅猛发展；随后是芯片、计算机和通信系统的爆炸性发展。我敢打赌，在接下来的几年里，我们将见证生物工程的爆炸性发展，包括新的药物管理方式、人造器官和许多其他方面的进步。这需要一个强有力的教育系统，在该系统中，学生可以获得多个领域的知识，我们有责任为他们准备这些知识。因此，有必要在法国和欧洲开设从医学到生物学和物理-化学的新专业。

更普遍地说，我梦想学生们能够更加成熟。在法国教育体系中，有所谓的“大学校”。学生们离开高中后的两年时间里，完全与现实生活脱轨，直到进入更高的学习阶段。在美国教育系统中，学生们往往需要自己支付学习的费用，因此他们利用晚上或暑假去赚钱，这使他们更快地成熟起来。在这一点上，我很羡慕美国的体制。

总的来说，我们希望**为了**科学和**通过**科学来改善学生们的成熟过程。我想在这里引用我们这个时代的主要思想家之一普里莫·莱维的经历。他是一位化学家，在死亡集中营中奇迹般地幸存下来，并且后来成为一名作家。他写了许多令人震惊的故事，介绍了自己作为一名化学家的生活，介绍了“我们这一行强烈而辛酸的味道，这绝不仅仅是一个特殊情况，而是我们生存职业的一个更大胆的版本”。希望普里莫·莱维的思想照亮21世纪。

进步在何处？

皮埃尔-吉勒·德热纳很少冒险谈论科学和宗教的问题。因此，1998年他为阿尔伯特·盖拉德牧师（1909年—2000年）撰写的并由哈特马坦出版社出版的《**人类的上帝**》一书写的这篇带有预言性质的序言非常珍贵。

我们的祖父母相信科学，认为科学应该结束肉体的奴役、打破祖传的偏见、提升我们的意识。一百年后，我们取得了巨大的科学飞跃，但我们比以往任何时候都更加生活在怀疑和焦虑之中。当然，生活实际上并不那么痛苦——至少在一些受青睐的大陆是这样的……但看看矿工的宿舍，还有政府在郊区为低收入人群建的廉租房，人类的进步到底在哪里？我们曾经也相信可以通过教育和交流减少冲突，但波斯尼亚发生的事件使我们沉默，那些甚至有着相同基因、讲着同一种语言的人们因为宗教信仰而相互屠杀。

技术天堂已经缩小成一种加利福尼亚方式。在那里，理想被简化为只顾温饱而缺乏精神生活的东西；没有人知道它要走向何处；最古老的宗教信仰正在复兴；而“政治正确”运动是一种最精心设计的道德形式，事实上，它正在成为一种带有可怕极权主义色彩的宗教。

发达国家的人民预感到他们财富的脆弱性，这些财富更多地来自他们祖父母的劳动和发明，而不是来自今天的活动。科学为他们带来了工具，它也为文化和个人的充分发展开辟了一个领域，但这一领域仅限于一小部分不怕付出努力的年轻人。对其他人而言，科学越来越像一个不可思议的、不可预测的、危险的宇宙。

有什么办法呢？我们经常盲目地想要回到过去，寄希望于希伯来法律、伊斯兰教、圣女贞德。传统的宗教形式不是因为它们所宣传的内容而受到颂扬，而是被当作对于未来的保护层。

我们需要别的东西，需要认真思考人类的未来。科学提供了一些基本论据，但并不声称给出关于未来和目标的答案。在我们土地上繁荣起来的所有文化都应该受到质疑。阿尔伯特·盖拉德牧师就是具有这种胆识的人之一。他这样做正是为了耶稣基督，而其他人则在不同的基础上来进行相同的探索。但我认为他的书是一个重要的里程碑。他对很多成就进行了总结；提了很多好问题，并且用清晰、易懂、坦率的话语提出这些问题。

第三章　创造与发现

创造与发现

2005年，在法兰西学会成立两百周年的学术研讨会上，皮埃尔-吉勒·德热纳面对学会的成员发表了这篇精彩而不太恭敬的演讲。他以极大的自由语调表达了对物理学的创造力、对理论-实验的二元性、对应用科学、生态学、信息技术和其他热点话题的看法。

我不太愿意走上这个讲台，因为我花了四十年的时间努力在物理学领域创造一些东西，但我们刚刚被告知，科学研究没有什么创造性，所以我的生活毫无意义。

早些时候人们曾说过，我们的物理科学首先关注的是无限大和无限小。我确信在我们这个时代，情况恰恰相反。天体物理学和粒子物理学是物理学的一个引人入胜但又有限的分支，物理学研究最重要的领域是关于我们周围的事物，它们既不大也不小，但是适合我们现实世界的层次。还有人说，我们在科学上没有等同于艺术创作的东西。但我确信，在物理学中，我们不时会看到新的艺术创造。在许多情况下，我们不是去发现自然的特点，而是去创造一种风格。例如，理查德·费曼彻底改变了理论家的风格，他真正是一所艺术学校的创始人。还有一个类似的例子很有趣。我们曾有过传统绘画，但因为它太过矫揉造作而不再受欢迎，当然也因为摄影技术的出现，使得旧的绘画技术变得毫无用处，传统绘画方式被印象派画作所取代。我们发现物理学也遇到了相同的情况。我们从经典科学开始，关注精确度和细节，然后出现了一系列横向学科，如信息技术，这使得这方面变得完全受控。我们现在（至少在我所知道的领域）正走向一种类似于印象派的科学，其中费曼就是当时的塞尚。

我们之前辩论的另一个关注点也让我感到担忧。也就是基础科学和应用科学之间的等级划分。例如，有人说“数学应该排在其他学科之上”，如果这不是一个等级术语的话，我愿意下地狱。当我特别想到巴斯德时，我很震惊：巴斯德通过葡萄酒酒石，弄懂了左右之间的对称性；通过研究甜菜汁，他意识到这些是可以发酵的生物。这些例子表明，应用科学的地位并不比基础研究低下；它们是姐妹，它们应该受到同样的尊重。但让我们回到物理学本身，有两个原因推动我专门谈论物理学。首先它是一门**混合**科学：理论和实验在这里起着大致相同的作用。另外它是一门**成熟**的科学（比起社会学而言），因此人们可以对它的过去提出质疑。

物理学的理论和实验

物理学研究中有各种各样的情况。在有些情况下实验指导一切：从黑体辐射的定律引出了量子的研究[①]。在有些情况下理论建立了一切，我们看到的不是大自然的重建，而是创造，例如晶体管和激光的发明。有时，甚至即使是错误的理论也会以不同凡响的方式使我们进步。孟格菲兄弟[②]的例子是众所周知的。他们想要让某个东西飞起来，于是从静电开始研究。这是当时的主流科学：就像猫的皮肤在干燥时可以排斥纸张一样，飞行物如果很干燥的话也可以借助火焰飞离地面。这个理论是完全错误的，但却是非常有成效的！另一个最近的例子是抗爆剂的发明。一百年前的发动机由于气缸内的爆炸而发出爆击声。为了避免这种情况的发生，凯特林[③]将碘加入其中，这个办法是可行的（但发动机不会持续很长时间）。他提出了一种理论，即碘这种紫色气体可以吸收爆炸产生的光，从而防止爆炸。这种错误的理论通过化学的逐渐进展带来了好的结果，我就不对此做详细解释了。它为我们带来了一种优质的防爆剂——四乙基铅，这种防爆剂使用了近百年。

有时候，观察可以指导理论。对不太懂科学的外行人而言，观察可能是他们最容易接受的领域，但也是值得注意的点。对我来说，年轻的

---

① 马克思·普朗克通过热力学“黑体”研究，提出了能量量子的概念。

② 译者注：孟格菲兄弟，也就是约瑟夫-米歇尔·孟格菲（1740—1810）和雅克-艾蒂安·孟格菲（1745—1799），法国的造纸商、发明家，也是热气球的发明者。

③ 查尔斯·凯特林（1876—1958），美国化学家。

埃克曼[①]在波罗的海解冻时的观察是一个经典的例子：他看到冰块在风层中从东向西漂流；通过仔细观察，他意识到它们**并不完全沿着风向**，而是偏离了一个角度。他明白这是地球自转的一种表现形式，并建立了“埃克曼层”理论。这是海洋学的基础理论之一。另一项相对微不足道的工作是他进行了流体动力学的计算，但是如果他没有对冰块沿着风向漂流进行仔细观察的话，就不会得到这些成果。观察也需要特殊的天赋。

我要在这里顺便说一下，很多时候，在像今天这样的会议上，我们对得出的结论太洋洋得意。然而，必须指出的是，许多科学发现（在我们的领域中）经常被**推迟**。例如，聚合物概念的提出比制作它的时间延迟了五十年。爱因斯坦最初发现了受激发射的基本原理，直到很久以后激光才被发明。在很长一段时间内，实验中出现的激光效应被归为奇怪的、不可解释的现象。

让我们谦虚一些吧，因为我们总是很晚才有所发明。让我们谦虚一些吧，因为许多发现是注定会出现的。牛顿建立了微分学，但莱布尼茨也建立了微分学：当时，微分学像春天的雪花莲般出现。今天的年轻研究人员已经意识到这种必然性。他们有时甚至受到打击，因为他们知道，如果在他们自己的领域不有所发现的话，其他同行就会很快地发现它。所有创造性职业都有这种困难。

发明家的职业和创造性

几种现象推动着发明家的职业发生巨大变化。首先是程序化发明：大公司建立了庞大的研究实验室。这种现象有积极的一面，如增强互助、集中资金；也有消极的一面，如体制僵化、思想保守。最近的另一种现象是一次性发明。我们以能够制造一次性产品而感到自豪，如吉列剃须刀。但是，一次性发明是另一回事：人们创立了一个小型的高科技公司，人们把公司发展壮大，让它发明原始产品，但人们并不真正对产品感兴趣，而是满足于在证明公司的能力后将它转售给别人，然后忘记它。我们现在生活的世界也是如此。第三个令人担忧的问题是安全的错乱。如果三十年后，在特殊情况下过量服用某种药物导致了**一例**死亡，这个挽救了数千人生命的药物的发明者就要受到起诉并被判刑。这可能会导致

---

① V.W. 埃克曼（1874—1954），瑞典海洋学家。

发明的枯竭。

这些都是关于创造性问题的真正所在。我们不知道如何鼓励创造，但我们非常清楚过度的形式主义的教育会消磨掉年轻人的创造性。在法国的高中，结果的严谨比方法的新颖更重要。我昨天也跟总督学们谈过这个问题：我们以程序化的方式扼杀了创造性。

另一个毁灭创造性的是人们对科学有着偏见，认为“科学是肮脏的”。首先，存在生态反应：人们认为化学是肮脏的，所以不要再研究化学了。事实上，为了挽救化学灾难，人们必须做更多的事情！但我们的内心也存在偏见，在知名的研究人员中，某些科学被认为是不端正的。俄罗斯理论家们鄙视液晶，而当时他们拥有最好的实验人员，因此俄罗斯在这个领域落后了三十年。同样地，聚合物也是一样，黏附性长期以来也被认为是不端正的，尽管它们包含着许多基本问题。

最后一个问题是我用英语所说的“财富的尴尬”。今天，我们常采取**太多**的措施，以致于我们迷失在细节中。测量、计算和模拟的潜力抑制了人们的思考，所以我们转向了过于具体的问题。在这里，我要返回到让-路易斯•柯蒂斯刚才关于小说的看法：一部伟大的小说首先要有一个伟大的主题。在物理学界，我们经常会有非常伟大的小说家，他们成为令人钦佩的故事讲述者，但讲述的都是很短小的故事。这种现象是不容易避免的。

如果我有时间，我会尝试在很小的范围内重新演绎阿道司•赫胥黎[①]曾写的一本预言书《美丽新世界》[②]。我想写一本《更美丽的世界》，并在书中介绍信息技术的作用，揭示“政治正确”运动的影响。虽然这场运动在法国影响很小，但它肯定会猛烈地抨击科学。在这部小说中，科学家会像危险的动物一样被追捕。客观地说，科学的创造力正在受到威胁。

研究工程师：为什么，怎么样？

1999 年，皮埃尔-吉勒•德热纳在巴黎市高等工业物理和化学学院第 118

① 译者注：阿道司•赫胥黎（1894—1963），英格兰著名作家。

② 译者注：《美丽的新世界》是二十世纪最经典的反乌托邦文学之一。该书以美国梦的实践为基础，预测了 600 年后的世界，矛头主要指向所谓的科学主义，描绘了科学主义的乌托邦。

届新生欢迎仪式上发表了这篇演讲。他在演讲中表示捍卫研究工程师的职业，他认为这项职业与研究人员的职业一样具有创造性，有时甚至更大胆。他还介绍了如何通过把观察、实验和物理意义结合起来进行发明创造，以及如何不需要大量计算就能够理解新现象。

发明家和精练工

1830 年左右，安培和法拉第奠定了电磁学的基础。50 年后，出现了一位传奇性的发明家爱迪生，他发明了灯泡、发电机和电路。接下来是第二波，我称之为**精练者**的浪潮。这个时期出现了柯立芝、朗缪尔[①]。他们既是研究者、也是实践家。在巴黎市高等工业物理和化学学院，在适当的范围内，我们希望让你们同时成为发明家和精练者。

不要以为这些工作比研究人员的工作容易！从原理上讲，拉链比我们实验室中的许多装置更具独创性。在日常生活方面，研究工程师的心理压力相当大。他需要非常迅速的反应能力。“如果在 6 个月内我们没能提高产品的质量和价格，工厂就会关门。”我知道很少有研究人员有能力成为非常优秀的研究工程师。而我们需要优秀的研究工程师！我们习惯了高质量的生活，这是我们的曾祖父母在工业革命时期努力工作所带来的成果。如果我们失去了创造力的领先优势，那么不管是从客观上看还是从经济上看，我们都没有任何理由继续从这些优势中获益。

实践的意义

我们应该做什么呢？法国的制度其实不是很有优势，它很少强调实践的意义或对数量级的评估。我经常以恩里科·费米为例，他是 20 世纪 30 年代到 50 年代的伟大思想家、杰出的实验指导老师。他当时正在指导哥伦比亚大学（纽约）一年级的新生，向他们布置了第一个作业：纽约市有多少钢琴调音师？

他希望学生们大致这样回答：纽约大约有 1 千万居民，也许每 30 个家庭（100 个居民）里会有一台钢琴，因此，每三年（约 1000 天）需要调音 10 万架钢琴。那么我们每天需要调音 100 架钢琴，这意味着

① 威廉·大卫·柯立芝（1873—1975），美国物理学家、发明家。欧文·朗缪尔（1881—1957），1932 年诺贝尔化学奖得主。

需要 50 到 100 个调音师。然后他让学生们在电话号码簿的黄页中找到准确答案！

观察和实验

懂得观察是一项宝贵的才能，而且人们很少能够在学校的学习中培养这种才能。我想在这里介绍一个年轻的北欧人（埃克曼）的例子，他通过观察冰块在海上的漂移，推断出了流体动力学模型[①]。我们的学校每年培养成千上万的数学专科生，但很少培养观察家。

为了说明我的实验观点，我无法抗拒和你们谈论卡尔森[②]的乐趣。他是纽约人，1933 年从专利局被赶出来。他在那里看到了人们有复制文本的需求，而在那个时代，这是非常困难的（在法国，我们使用奥泽利德晒印纸）。他决定不从照片方面寻找解决办法，因为这个领域被一家大公司（柯达）所掌控。他去了纽约图书馆——你们中的一些人是从电影《捉鬼敢死队》中了解到这座图书馆——并阅读了科学书籍。他特别了解到一层薄薄的硫层可以通过光的作用而变得导电。并且，他在水槽中，制作了锌板/硫层，使得在分界面可以产生电荷。如果一部分锌板被光照亮，电荷就会被中和：它产生了潜像。为了显示它，他利用了被带电区域吸引的石松粉末（非常干燥）。1937 年，他获得了第一项发明专利。1948 年，他的公司被兰科组织收购，成为了我们所说的施乐公司。我喜欢这个固执和没有资源的实验者的例子。小型高科技公司是我们未来的希望，它们与这种刚强的人生活在一起。

理解

一个新的现象、一个奇怪但有前景的观察结果通常很难被人理解，特别不要相信通过计算机所进行的大量计算，我们就能理解它们。最近的一个例子是关于除湿的。我在透明的塑料板上倒了一些水，塑料不喜欢水，这滩水不会无限扩散：表面能量和重量之间会达到平衡，表面能量希望水和塑料板只有很小的接触面积，而重量倾向于下压将水膜展开。但我强制施加外力：用手指压碎水膜，然后看着塑料板如何自我防

---

① 译者注：详见《创造与发现》，第 119 页。

② 切斯特·卡尔森（1906—1968），美国物理学家、发明家。

御，在水膜中出现了干燥斑点（来自灰尘），它以恒定速度（从开始时）扩大，这就是人们称之为的除湿。

为了理解该机理，需要对干燥区域边缘形成的肉眼几乎看不见的水珠进行分析。我们的美国竞争对手通过计算机进行大量的计算研究过这个问题：然而他们没有得到任何普遍规律。我们（法兰西公学院、居里研究所、巴黎市高等工业物理和化学学院）已经搞明白，由于压力是恒定的，并且仅在较薄的区域内变化，所以水珠的截面大致是圆弧形的，由此我们能够对所有过程作出简要的描述。这对一些实际问题产生了重要影响，例如汽车的车轮因路湿而侧滑、高速胶版印刷、气溶胶保护植物等。

在大多数情况下，对物理情况（此处为水珠）的详细计算是在我们理解了原理之后很久才完成的，并且这种计算是由专门的研究部门而不是由研究工程师完成的。

发明

在我们源于拉丁语的国家，大家总是认为发明是理论的女儿，就像雅典娜是宙斯的女儿一样。在某些情况下（晶体管、激光）确实如此。但往往这是另一回事：

——一个实用的想法（阿拉斯泰尔·皮尔金顿的浮法玻璃，是通过将液态玻璃倒在熔融的锡上流动而发明出来的）；

——一个观察（弗莱明和青霉素）；

——一个缓慢的成熟（对声音的磁性记录始于 1898 年）。

发明家的职业很艰苦，而且并不总能得到回报：圆珠笔的发明者拉斯罗·伯罗（1899—1985）就被雷诺兹所吞噬[①]。

曾经有一段时间，按照我在此尝试定义的精神，像杜邦这样的大型化学公司或者贝尔这样的大型物理公司都是真正的培训机构，现在少多了。如今，在股东的压力下，公司主要进行短期的、保守的研究（它们

① 译者注：拉斯罗·伯罗在 1938 年发明了圆珠笔。1944 年，美国商人雷诺兹在布宜诺斯艾利斯看到了伯罗圆珠笔，他相信圆珠笔能够普及，就自己动手设计制造。为了不侵犯伯罗的专利权，他把伯罗圆珠笔利用毛细作用供给墨水改为利用重力供给，虽然性能差些，但“雷诺兹”牌圆珠笔总算问世了。

改进产品，而不重新考虑需求）。但幸运的是，现在还有很多个体企业：宝丽来照相机、特福炒锅都是成功的例子。在欧洲，这种类型的企业还不够多，不过条件改善了一点：我们学校的未来就在这里。

结论

大家对你有什么要求？

（1）真正的实验室实践。

（2）个人反思：知道如何阅读书籍、做笔记、在跨学科领域进行学习（例如研究腐蚀）。我们在物理和化学学院实行的导师制度尽管还远不完善，但应该会对你有所帮助。

（3）混合文化：物理学家要懂得做简单的化学合成，而化学家要充分了解他们所期望的新分子。

（4）生物学基础：生物学是我们这个时代的一门蓬勃发展的科学。

而且，最重要的是，要有勇气！我想在这里讲述一个学生的故事。这名学生的父亲去世后，留给他一家小企业（做眼浴项目）。当时他刚入学，我们学校为他安排了灵活的课程，使他有时间处理公司业务。通过做医学检查，并且研究新分子来治疗不同的化学侵害等，他把公司经营得更好了。他曾有过非常艰难的时刻，一度破产，但他从困境中走出来了。目前，他的公司在欧洲处于领先地位，并开始进入美国市场。这就是我希望你们能够具备的那种勇气。

发明与创新

1995年，皮埃尔-吉勒·德热纳在发现宫举行的创新奖杯颁奖仪式上发表了这篇演讲。该奖项早在十年前由里昂水务公司设立。除了对他所热爱的主题进行简要思考外，德热纳还在此提到了一些伟人，如孟格菲兄弟、吉列、固特异，同时当场勾画出他们发明的光彩之处。

我很高兴来到这里，虽然我是水领域的新手，但这次聚会正好让我有机会更好地了解这个行业。就创新问题发表空洞的演讲是一件很容易的事，因为人们对孤独的发明家（伯纳德·帕利西为了烧制盘子，最后把椅子也烧掉了）或有宗教幻想的发明家有很多刻板印象。但宗教的启迪不是科学研究的重要的组成部分。发明家常常也是理论家，这是所有法国高中生脑海中出现的形象。最后，另一种刻板印象使发明者总是像19世纪的浪漫诗人一样不被理解。水的记忆就是这种假象的一个不同凡响的例子。

发明家的刻板印象

1）发明者是孤独的

有很多发明家是离群索居的，但他们往往是两个人在一起，而不是单独的一个人。金吉列是一个多世纪以前在美国的商业旅行者。他想着要是能制作出一次性剃须刀的话，那就太棒了。对于商业旅行者来说，这会非常实用。他最初独自在这个项目上工作了七八年，但没有成功。后来，他与山姆·尼克森合作。这个人懂得钣金加工，并且对手柄形状有所了解。十年后，他们发明出了剃须刀。这带来了一个巨变，剃须刀也是最早的一次性器械之一。

我还要讲一个最近关于迪迪埃·罗克斯的例子。这位波尔多的保罗·帕斯卡中心研究员专门研究水中脂质相的统计物理学。他是“海绵相[①]”的共同发现者之一。三年后，人们发现他是一家小型高科技公司的老板，该公司从其成立的第一年起就经营良好。他对一个新相感兴趣，他称之为“洋葱相”，这是一个由脂质分子排列成嵌套壳的系统，就像小洋葱一样（在微观尺度上）。这种相已经为人们所知晓，但科学家们并没有太多关注于他们认为的“民间传说”。另一方面，迪迪埃·罗克斯在一定条件下赋予了它公认的存在。他意识到这是一种低成本包装产品的方法，这个发现在一个大型连锁超市得到了应用。在那之前，为了防止家畜到处排泄粪便，人们在人行道上使用具有阻遏性的香水，但这只在一两天内有效。现在，通过封装，产品可以使用一个月。然而迪迪埃·罗克斯并不孤单，他得到了一个了解市场需求并懂得与超市连锁店打交道的合作伙伴的支持，没有这个伙伴，他就不可能成立这家公司。

2）发明者是理论家

我自己是理论家，我承认理论可以成为发明的源泉。我经常给学生

① 当肥皂中形成蜂房状结构时，肥皂水中就出现了海绵相。

们讲述19世纪70年代的一个年轻的克罗地亚人的故事。他拿着手杖在公园里散步，并和朋友谈论电力问题。在那个时代，可以用格拉姆机器发电，其原理是在运动线圈表面上摩擦煤。这个过程的效率不高，因为触点很快就会损坏。与朋友的讨论使他想出了一个办法，让线圈在绕固定磁铁的轴上旋转。因此，不需要表面上任何可变化的接触，就可以产生电流。他用手杖在沙滩上画出了第一台交流发电机的轮廓。但是，他很难让别人接受他的发明，在美国的爱迪生不想听他说话。年轻的克罗地亚人名叫尼古拉斯·特斯拉。他的创意来自对理论的反思。

所以理论有时非常有用，即使表明它是错的！比如孟格菲兄弟沉迷于飞行器的想法。当时，静电是一门流行的科学：在蓬巴杜夫人面前，用一台大型静电机器，可以让五百名法国警卫一起跳起来。为了使操作顺利进行，所使用的机器必须非常干燥。一位高中老师知道这一点：用猫皮摩擦一块琥珀可以产生电荷，但最好先把这两个物体放在散热器上干燥。同样，孟格菲兄弟想要给飞行物体充电，使它摆脱地球引力飞起来。为了产生电荷，物体必须是干燥的，所以他们在机器中点火，第一个热气球就是这样被设计出来的。很快，孟格菲兄弟意识到他们的错误，但他们的发明就来源于错误的理论！

为了说明这一点，我经常引用固特异[①]的例子，他在150年前决定将橡胶乳汁和硫磺煮沸。他知道印第安人在自己的脚上涂橡胶，就可以变成靴子。但是他绝对不知道硫磺和橡胶混合起来会发生什么。最终，他得到了一种黑色产品，即“天然橡胶”，也是如今的基本工业产品。然而，人们却要花一百年的时间，才能了解这种混合物的反应原理。才能了解最初的橡胶乳汁分子长链如何通过硫磺的作用而互相连接在一起，形成有弹性的、坚韧的、柔软的网。

因此，千万不要相信理论在这类发明中占主导地位。从这个角度来看，高中提供的教育尤其令人遗憾。如果你向自己的孩子提问，就会发现他们学到的都是伟大的定律、伟大的定理，他们会做一些练习，最后，如果还有几分钟的时间，可能会听到他们模棱两可地谈论应用，他们坚信理论才能带来创新。

3）发明家具有灵感

灵感是很少见的。在实践中，我们的工作更接近园丁的工作，而

① 查尔斯·固特异（1800—1860），专门用于轮胎的硫化橡胶的发明者。

不是像牛顿接住从头顶上掉下的苹果那样。另外，我很在意园丁的这个形象。

研究的目标之一是让生活变得更轻松。例如：紧身胸衣是一种难以穿脱的配饰。贾德森[①]在 19 世纪 90 年代想到了一种系统，它可以一下子解开紧身胸衣或拆卸靴子。他首先尝试使用极其复杂的机制，跟控制萨克斯管的机制有点像。他与一位合作伙伴一起，想用柔软的面料替换靴筒。就这样，15 年后，拉链被发明出来！这个重要的例子表明，发明不是一蹴而就的。

另外，当我和老年人交谈时，在知道拉链首次在法国亮相后引起多么大的轰动时（第一次世界大战后），我总是很开心。如果一个外星人来到地球，他会注意到我们拥有激光，（也许）我们能够掌握信息技术。毫无疑问，他也会发现我们发明了拉链。

创新者如今的地位

更严肃一点，我想谈谈我们这个时代的问题。现在“手工操作”的研究人员越来越少了：大多数研究人员（超过 80%）与你们一样，加入大型团体和工业研究实验室。第一次世界大战后，科学研究的发展变得缓慢。1920 到 1930 年，一家研究成果显著的美国公司——杜邦公司开始研究聚合物，并在 1938 年左右发明了尼龙。在同一时期，通用电气公司生产的电灯泡越来越耐用。在此期间，科学研究得到了非同寻常的蓬勃发展。这些科学研究中心是科学进步的重要动力。

大型研究单位提供的大型“恐龙”既有优点也有缺点。优点：这些科研中心可以开展长期的工作，而不是只考虑客户的当前需求。这种长期思考尤其使得设计“晶体管”成为可能。缺点：惯性在大型系统中占主导地位，这是一个力学定律。按照我的导师安纳托尔·阿布拉同姆的说法，我把这种现象称为“波德莱尔[②]定理”。这跟信天翁有点相似：“信天翁的巨大翅膀阻碍了它前行。”一位来到大型研究中心的年轻研究员首先对他的同事们的智慧和**技术诀窍**印象深刻。但是，两年后，他常常会感到沮丧，因为这些睿智的人对自己的职业非常了解，他们认为

① 惠特康·贾德森（1839—1909），美国发明家。

② 译者注：夏尔·皮埃尔·波德莱尔是法国十九世纪最著名的现代派诗人，他不但是象征派诗歌的先驱，而且是现代主义的创始人之一。

一切都已经被尝试过了。当人们告诉他们一种新的方法时，他们会反驳道："这种方法在1947年已经尝试过，且被证明是不可行的，等等。"这种态度是可以理解的，但它抑制了首创精神。

有一些令人高兴的案例，在这些情况下老派天才们的保守思想已经被超越。例如，在法国液化空气公司，我见证了一个令人钦佩的自我批评案例。该公司知道如何通过液化过程生产纯净的氮气、氢气或氧气。但逐渐地，有些人认为他们使用的分离气体的方法不是最经济的。一些天才断言所有其他方法都已经尝试过了。尽管天才们这么认为，液化空气公司还是成功地指定研究人员采用了一种被称为膜的新方法，这种膜可以使气体从固定的聚合物过滤器中通过。由此收集到的气体没有液化气体那么高的纯度，但这种纯度在很多应用领域已经足够了。这个方法应用方便，可以在很多客户那里直接安装相关设备。

我说过，大公司可以随着时间的推移进行思考。它们提供长期解决方案的能力对国家而言至关重要。另一方面，大公司的缺点也越来越多。我很高兴在这里，在像杰罗姆·莫诺般这样杰出的人物面前，讲述我对这个主题的感受。

无可否认，我们的生活超过了自己的能力：法国人的平均收入远高于其资源所能预测到的水平。在我看来这种优越条件来自于上世纪末的两个因素：一方面有精力充沛的劳动力，他们从两百年前就开始修建铁路、运河、公路；另一方面，19世纪有许多研究人员和发明家，比如埃菲尔。

我们今天仍在依靠这个资本生活，所以我们需要对这种创新资本进行革新。在这场斗争中，我们有一个优势，那就是发挥私人研究和公共研究之间的协同作用。在我年轻时，这些不同性质的团体根本互不相识。而今天，情况正在发生改变。因此，在我看来，创建由私人研究人员和公共研究人员组成的混合团队很有意义，例如圣戈班集团和法国国家科学研究中心对玻璃表面的研究，法国原子能委员会和罗纳·普朗克公司对胶体的研究，以及下个月安托化学与法国国家科学研究中心即将在勒瓦卢瓦成立的全新的聚合物科学合作团队。这些团队只需要很少的投入（来自法国国家科学研究中心的四五个人，来自公司的四到五名高级工程师，以及一些技术人员和博士生）。从公司的角度来看，这些外部人员的到来为工业环境带来了大量不寻常的信息。从公共研究人员的角度来看，公司的工作能够让他们发现有趣的新问题。

因此，我对私人和公共研究人员之间的互补性持乐观态度。相反地，我对学校培养未来研究人员的方式不太乐观：我们的孩子接触到的教育可能会扼杀他们的创新精神。但是，我还是想以一种积极的方式结束我的演讲：科学博物馆在塑造创新精神方面发挥着重要作用。我很高兴有这么多人来到发现宫，这里有着我的童年回忆，我对这个地方有很深的感情。我很高兴你们选择发现宫作为这场盛会的举办地。

文 章 出 处

在法兰西公学院的就职演讲，1971.
n=0 定理，《物理快报》，1972.
材料及其创造者，《研究》，1979.
软物质，诺贝尔讲座，《现代物理评论》，1992.
皮埃尔和玛丽·居里，《在万神殿的演讲》，1995.
纪念什洛莫·亚历山大，《物理 A 辑》，1998.
合作现象中的偶然和必然，《第欧根尼》，1977.
气泡、泡沫及其他易碎物，《发现宫期刊》，1990.
两面器的扩散，《给伊夫·科庞的信》，2001.
青年时期，《克里斯蒂安·福斯海姆的采访》，2001.
我是一名物理-化学-生物学家！《研究》，2005.
从诺贝尔奖到神经科学，《神经科医生快报》的采访，2006.
自传，奥赛研讨会上的介绍，2004.
科学的忧郁，《法兰西公学院虚拟图书馆》，1990.
荣誉与耐心，五所学院的公开会议，刊登于《世界报》，2002.
普里莫·莱维和科学职业，法语联盟，东京，1999.
怀疑的时代，《新观察者》的采访，2005.
西方的幻影，《托尼克》杂志，2005.
反对方法论，未知写作时间.
在索邦大学的演讲，获诺贝尔奖后的演讲，1992.
塞西尔的忧郁眼神，塞西尔·德维特的留言簿，2001.
学生家长的希望和失望，《世界报》，1998.
怀疑的世纪，《百科全书》，博达斯出版社，1994.
关于科学、工业和教育的一些思考，《巴西科学院年鉴》，2000.
进步在何处？阿尔伯特·盖拉德牧师的著作《人类的高度》序言，

哈特马坦出版社，1998.

创造与发现，法兰西学会成立两百周年座谈会上的演讲，2005.

研究工程师：为什么，怎么样？物理和化工学院第 118 届新生欢迎仪式，1999.

发明与创新，在发现宫的演讲，1995.